はじめての
テキーラの教科書

目時裕美

こんなに楽しいお酒を知らないのは
もったいない！

主婦の友社

ごあいさつ

「テキーラ」といえば、一気飲みしたり、罰ゲームで飲んだりするお酒というイメージがありませんか？

日本では少し前まで、ストレート以外の飲み方が知られておらず、そう思われがちでした。しかし、どんなお酒でも体質やその日の体調によって酔っぱらうこともありますし、飲み過ぎれば二日酔いになるのは当然です。

ハリウッド映画や海外ドラマでは、お祝いの席やパーティーで、テキーラをお洒落に飲むシーンがよく出てきます。こうした華やかなイメージが、米国でのテキーラブームに火をつけたといわれています。

日本でも、テキーラをとりまく世界が大きく変化しています。最新のテキーラの楽しみ方を知り、メキシコの魅力が詰まった新しい扉を開いてみましょう！

目時裕美
Yumi Metoki

CONTENTS

本書はテキーラや
テキーラの原産地であるメキシコの文化について、
5章に分けて紹介していきます。

そもそも、
テキーラって
どんなお酒なの？

テキーラを
1本買っても、
飲みきる自信が
ない……

テキーラと
メキシコ料理を
楽しみたい！

テキーラを
知る旅がしたい！

テキーラに
関わる人が知りたい！

日本で入手できる
テキーラ情報が
知りたい！

日本で買える！テキーラブランド紹介（P.97〜）の見方・使い方

巻末SPECIAL

蒸留所の所在地

**NOM番号
ブランド名
蒸留所名
蒸留所の所在地**

〈ハリスコ州テキーラ地区〉

| NOM 1102 | **SAUZA**
サウザ |

カサ・サウザ蒸留所

〈所在地〉ハリスコ州テキーラ地区
〈ブランドラインナップ〉

 サウザ
シルバー

 サウザ
ゴールド

 サウザ
ブルー
シルバー

 サウザ
ブルー
レポサド

ブランドの商品情報
※商品によっては、
一部のみ紹介

〈カテゴリー〉☑テキーラ　☑100%アガベテキーラ
〈クラス〉☑ブランコ　☑ホベン　☑レポサド
　　　　　□アニェホ　□エクストラ アニェホ
〈度　数〉40度　　〈容　量〉750ml
〈輸入社〉サントリー株式会社

テキーラの製造方法
※一部商品のみ

❶アガベの生産地／ハリスコ州、ナヤリット州、
　ミチョアカン州、グアナファト州、タマウリパス州
❷加熱方法／ディフューザーの後にアウトクラベ
❸搾汁法／ディフューザー
❹酵　母／自家製酵母
❺蒸留器の種類と蒸留回数／ステンレス製の単式蒸留器で
　2回または連続式蒸留器で1回
❻熟成樽の種類／アメリカンオークの新樽

ブランドの特徴

> **ブランド
> の特徴**
> ドン・セノビオ・サウザ氏によって創業さ
> れた、テキーラを代表する人気・知名度の高い銘柄
> です。はじめて「テキーラ」という名前を名付けた
> 銘柄でもあり、テキーラの原産地呼称制度の制定
> に貢献した非常に歴史と信頼性が高いブランドです。
> シルバーとゴールドや、プレミアムテキーラとして、
> ブルーも展開しています。

多くのテキーラメーカーと違い、サ
ウザ社は100%自社畑で栽培する

抽出したアガベジュースに独自の酵母
を入れ、ステンレス製の発酵樽で発酵
させる

100

ブランドの特徴がわかる写真を紹介 ※一部商品のみ

〈用語解説〉
※「マンポステリア」…アガベアスルの球茎部のピニャ（P.10）を加熱するための石や煉瓦製の窯
※「アウトクラベ」…ピニャを加熱するためのステンレス製の圧力釜
※「ローラーミル」…テキーラ製造で一般的に用いられる粉砕機
※「タオナ」…アガベジュースを搾汁するための回転式の石臼
※「ディフューザー」…加熱せずに生のアガベジュースを搾汁するための大型の機械
※「フランケンシュタイン」…効率的にアガベジュースを搾汁できる最新式の機械
※「単式蒸留器」…一般的な蒸留方法。原料の風味を残して蒸留できる
※「連続式蒸留機」…効率的にアルコール度数を上げることができる蒸留方法

詳しくはコチラ → P.15

第1章
テキーラの基礎知識
WHAT IS TEQUILA?

テキーラは、メキシコの文化や歴史も楽しめるお酒です。そうした楽しみを味わうためにも、まずはテキーラの基礎知識を身につけましょう!

WHAT IS TEQUILA?

テキーラとは
どんなお酒？

まずはメキシコでつくられる蒸留酒「テキーラ」が
どんなお酒なのか、紐解いていきましょう。

語源は？

メキシコのハリスコ州
にある町の名前「テキー
ラ」に由来しています。

「テキーラ」とは？

アガベアスルを原材料とする、メ
キシコ原産の蒸留酒のこと。CRT
(P.9) によって厳しく監視され、
所定のルールを満たしたものだ
けが「テキーラ」と呼ばれます。

アガベアスル
とは？

アガベ(別名は竜舌蘭)と呼
ばれる、多肉植物の一種。テ
キーラの原材料となります。

詳しくはコチラ → P.10

TEQUILA
DELICIOSO
TEQUILA
100% AGAVE
REPOSADO
ABCDEFGHIABCDJKLMNIABCD.JKL
Net Cont. 750mL.   ABCDEFGHIABCD
                    JKLMN000
40% Alc. Vol.   Hecho en Mexico
    ABCDEFGHIJKLMNOPOR
    STUVWXYZABCDEFGHI
ABCDEFGHIJKLMNOPQRSTUVW
LOTE NO.0001

テキーラの原産地呼称制度

U.S.A

MEXICO

ナヤリット州
タマウリパス州
ハリスコ州
グアナファト州
ミチョアカン州

原産地呼称制度とは、テキーラというメキシコの産
品を特定の地域と結びつける概念のことです。テ
キーラの場合、メキシコの5州(ハリスコ州、ナヤリッ
ト州、ミチョアカン州、グアナファト州、タマウリパ
ス州)が原産地呼称の保護を受けています。なか
でも、ハリスコ州が全てのテキーラ生産の約90%
を占めています。

―ミニ知識―
世界文化遺産の地のお酒

テキーラ地区のア
ガベ畑と蒸留所は
「リュウゼツランの景
観と古代テキーラ
産業施設群」として、
2006年にユネスコ
の世界文化遺産に
登録されました。

テキーラは、原材料の使用割合によって2つのカテゴリーに分類されます

1

TEQUILA
テキーラ

糖分の**51%**以上が、
アガベアスル由来

残りはサトウキビの糖蜜やショ糖など、
他の天然由来の糖分を加える

2

TEQUILA 100% AGAVE
100%アガベテキーラ

糖分の**100%**が、
アガベアスル由来

ラベルに "100% de agave"、
"100% puro de agave"、
"agave azul" と記載することもある

Point!

「ミクストテキーラ」とは？

テキーラの製造現場では、100%アガベテキーラ以外のテキーラを「ミクスト」と呼ぶこともありますが、法律上は正式な表現ではありません。

主要機関

テキーラ規制委員会（CRT）
Consejo Regulador del Tequila
1994年にテキーラの原産地呼称制度の保護を主な目的として創設された、民間の非営利団体（NPO）。テキーラに関する検査や認証を行う唯一の機関です。

全国テキーラ産業会議所（CNIT）
Cámara Nacional de la Industria Tequilera / National Chamber of the Industry of Tequila
1959年にテキーラ業界の利益を擁護するために創設された業界最古の団体。テキーラに関するプロモーション活動などを積極的に展開しています。

アガベアスルとは？

テキーラの原材料「アガベアスル」は、アガベ（別名は竜舌蘭）という、
メキシコを中心に自生・栽培されている200種類以上ある多肉植物の一種です。
そのうち75%は、メキシコに存在しています。
アスルはスペイン語で「青」を意味する言葉。その名の通り、アガベアスルの葉の表面は、
ぶ厚い蝋で水分が保護され、灰色みをおびた青緑色をしています。

WHAT IS AGAVE AZUL?

花

若芽

茎
Quiote（キオテ）

トゲ

葉

中央部（球茎部の芯）
Cogollo（コゴジョ）

アガベの子株
Hijuelo（イフエロ）

テキーラの
原材料！

根

葉を切り落とした球茎部
Piña（ピニャ）

もっと詳しく

アガベアスルの特徴

① イヌリン（多糖類の一種）を
　 豊富に含む
② 一般的に灌漑は不要
③ 1haあたり2,800〜3,000株が
　 栽培可能
④ 平均的な重量は、約35kg
⑤ 100%アガベテキーラ1ℓをつくる
　 のに、10kg前後のピニャが必要
⑥ 成熟サイクルは平均5〜8年

アガベアスルから株分けされたイフエロ。畑に植え替えてから収穫まで、5〜8年ほどかけて育てる

代表的なアガベアスル生産地のテロワール

「テロワール」は「土壌・気候」という意味。その土地ならではの
自然環境的な特徴が、アガベアスルの味わいにも影響します。

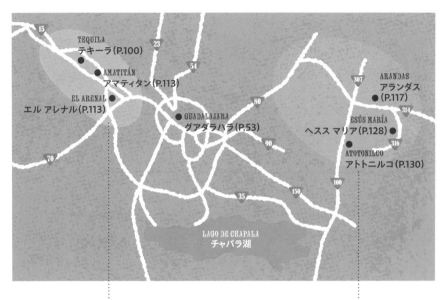

15

TEQUILA
テキーラ (P.100)

23

54

AMATITÁN
アマティタン (P.113)

307

ARANDAS
アランダス
(P.117)

EL ARENAL
エル アレナル (P.113)

80

314

GUADALAJARA
グアダラハラ (P.53)

JESÚS MARÍA
ヘスス マリア (P.128)

316

90

ATOTONILCO
アトトニルコ (P.130)

70

100

35

150

LAGO DE CHAPALA
チャパラ湖

VALLES
バジェス

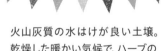

火山灰質の水はけが良い土壌。
乾燥した暖かい気候で、ハーブの
ような清涼感とミネラル感のある
味わいのアガベアスルができます。

LOS ALTOS
ロス アルトス

鉄分を豊富に含む赤土の土壌。
日中の寒暖差が激しく、水分が
多めで、フルーティーな味わいの
アガベアスルができます。

Point!

「蒸留所の所在地」=
「テロワール」とは
限らない

同じ所在地 (蒸留所) でつくられるブランドでも、使用する
アガベアスルの産地や栽培年数、さらに製造工程や樽の
種類・熟成期間などが複合的に関わることで、各ブランド
の味の個性が生まれています。

知っていましたか？

テキーラの **7** つの決まりごと

テキーラはCRT（P.9）によって厳しく監視され
メキシコ政府の定める公式規格を満たしたものだけが
「テキーラ」と名乗ることができます。

 1 200種類以上あるアガベの中から「アガベアスル（P.10）」のみを原材料として使用する

 4 無水アルコールに含まれるメタノールの値は3mg/ml以下である

 2 原産地呼称制度で保護されたメキシコの指定産地5州（P.8）で育成したアガベアスルを使用し、製造（蒸留含む）したものである

 5 水以外のメローイング（添加物）は1％以下である

 3 アルコール度数は35％〜55％である

 6 ボトルのラベルにNOM番号（4桁の生産者番号）を記載する（例：NOM9999CRT）

 7 100％アガベテキーラ（P.9）は、指定地域内（原産地）限定であるが、テキーラ（P.9）は国内外の登録済み業者でのボトリング（P.19）が可能

Point!

「蒸留回数」は、対象ではない

一般的に、テキーラのアルコール度数を確保するためには、2回以上の蒸留が必要です。しかし、蒸留回数はCRTの定めた規制対象ではありません。

テキーラの熟成によって **5** つのクラスに分類

テキーラはCRT (P.9) の規定により、5つのクラスがあります。
クラスに優劣はなく、樽熟成の期間によって分類されます。

クラス**1**

ブランコ
BLANCO/SILVER

●樽熟成期間 0〜2カ月未満

Plata (プラタ) と呼ぶ場合もある。アガベアスル本来のフレッシュな味わいを楽しめる

クラス**2**

ホベン
JOVEN/GOLD

Young (ヤング)、Oro (オロ) と呼ぶ場合もある。ブランコに他のクラスの熟成したテキーラを合わせたもの、またはブランコにカラメル色素で色付けしたもの

クラス**3**

レポサド
REPOSADO/AGED

● 樽熟成期間………2カ月以上
● 樽の容量規定……無し
● 樽の木の種類……オーク

軽い甘みとフルーティーさがあるソフトな風味

その他

テキーラ・マドゥラド・クリスタリノ
TEQUILA MADURADO CRISTALINO

レポサド、アニェホ、エクストラアニェホを特殊なフィルターなどでろ過することにより脱色、透明 (クリア) にしたものの総称。Clear Reposado ／Tequila Reposado Cristalino (テキーラ レポサド クリスタリノ)、Clear Añejo (クリア アニェホ)／Tequila Añejo Cristalino (テキーラ アニェホ クリスタリノ) と呼ばれ、熟成ならではの樽香 (たるこう)・甘みが残る

クラス**4**

アニェホ(アネホ)
AÑEJO/ EXTRA AGED

● 樽熟成期間………1年以上
● 樽の容量規定……600ℓ以下
● 樽の木の種類……オーク

樽由来のまろやかな甘みを感じられる

クラス**5**

エクストラ アニェホ(エクストラ アネホ)
EXTRA AÑEJO/ULTRA AGED

● 樽熟成期間………3年以上
● 樽の容量規定……600ℓ以下
● 樽の木の種類……オーク

奥深い味わいと、樽の個性が強く表れている

Point!

1年以上熟成しても「アニェホ」にならないこともある

レポサド、アニェホ、エクストラ アニェホは、CRT立ち会いのもと樽の開封・詰め替えが行われ、合計熟成年数が規定を満たせばそれぞれのクラスとして認められます。しかし、1年以上樽熟成したテキーラでも、樽の容量の規定を満たさない場合は、レポサドとなります。

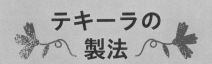

テキーラの製法

テキーラをつくる過程では、少し難しい専門用語が登場します。
まずは「覚えておくとテキーラがより楽しくなるキーワード」を知りながら、
栽培から製造、そしてリサイクルまでの流れを見ていきましょう。

01 Planting and Growing of Agaves
栽培

3〜5年目のアガベアスル（P.10）から株分けされた**イフエロ**を採取して、最低10日間天日干しします。

イフエロは、その後畑に植え替えて、収穫まで5〜8年ほどかけて育てます。生育状況に応じて「バルベオ」という葉先などを剪定する作業を行う場合もあります。

キオテは、ピニャに蓄えられた糖分を奪ってしまうため、伸びて花が咲く前にカットします。この作業を「デスキオテ」と呼びます。

詳しくはコチラ ➔ P.10

[キーワード]

イフエロ…アガベアスルの子株
キオテ…アガベアスルの茎
ピニャ…アガベアスルの球茎部

アガベアスルは人の背丈ほどに成長する

02 Harvesting/Jima
収穫

ヒマドールが、収穫専用のコアを使って、アガベアスルの葉やピニャの皮を削ぎ落とし、蒸留所に運びます。

ピニャの栽培年数やサイズ、糖度などは、蒸留所やブランドによって異なります。また、アガベの葉は、畑に残して肥料として活用されます。

ヒマドールの仕事はチーム制です。1日に決められた量を収穫したら、その日の作業は終了。作業がスムーズにいくように、暑くない早朝から作業する場合が多いです。

[キーワード]
ヒマドール…アガベアスルを収穫する職人
コア…収穫時に使う専用の農具

コアを使ってアガベアスル
を収穫するヒマドール

03 Cooking
加熱

大きなピニャは、適当なサイズにカットされます。この時にココジョも、苦みのもととなるため、一般的に取り除かれます。

その後、ピニャを窯で8～72時間蒸し上げることで、イヌリンという成分を糖化させます。

窯は、石や煉瓦製の「マンポステリア」やステンレス製の圧力釜「アウトクラベ」が主流です。なかには、窯を使わず、現在でも伝統的な地中での蒸し焼きを行うブランドもあります。

詳しくはコチラ → P.20

[キーワード]
ココジョ…アガベアスルの芯の部分

煉瓦製の窯「マンポステリア」

04 Extraction (Milling / Pressing)
搾汁

　粉砕機（ふんさいき）を使って、ピニャからアガベジュースを搾汁（さくじゅう）します。

　一般的には「ローラーミル」と呼ばれる粉砕機を使います。また、現在でも回転式の石臼（タオナ）を使う伝統的な搾汁を行う蒸留所もあります。

　そのほかにも革新的な搾汁機や、高圧水でピニャを分解してアガベジュースを搾る大型の機械を使う蒸留所もあります。

詳しくはコチラ → P.20

[キーワード]
ローラーミル…搾汁のために使用される機械。「シュレッダー」とも呼ばれる

05 Formulation
調合

　アガベジュースが発酵する前の状態を「モスト」といいます。

　2つのカテゴリー（P.9）のうち「テキーラ」の場合は、モストにアガベジュース以外の副原料を加えて調合します。この時、モストが発酵しやすくなるように、マグネシウム、ビタミンなどの成分を加える場合もあります。

　酵母や工程ごとに使用する液体などは、蒸留所内の研究室や国内外のオフィスなどでサンプルが保管されています。

[キーワード]
モスト…発酵する前のアガベジュース

ローラーミルを粉砕機として採用している蒸留所は多い

さまざまなサンプルが保管されている研究室

06 Fermentation
発酵

　酵母の働きにより、モストが発酵してアルコールが生成されます。アルコール度数6%前後となった状態を「**モスト・ムエルト**」と呼びます。

　テキーラの味は、酵母の種類や発酵条件などに大きく左右されます。天然酵母での自然発酵や、搾汁後のアガベの繊維を入れて発酵させるブランドもあります。発酵槽には、ステンレスや木製の樽、コンクリート製のものが使用されます。なかには発酵槽に音楽を聴かせる蒸留所もあります。

詳しくはコチラ → P.20

[キーワード]
モスト・ムエルト…モストの発酵が終わり、アルコール度数6%前後になった状態

木樽内の発酵の様子を確認する職人

07 Distillation
蒸留

　蒸留とは、液体を熱して蒸気にした後に、冷やして再び液体に戻す工程のことです。お酒は蒸留することで、アルコールの純度が上がり、度数を高めることができます。

　テキーラの場合、規定のアルコール度数を得るために、一般的には単式蒸留器(P.6)で2回以上の蒸留が必要となります。モスト・ムエルトは、最初の蒸留でアルコール度数20%前後の「**オルディナリオ**」になります。さらに蒸留することで、いよいよアルコール度数55%前後の「テキーラ」となります。

詳しくはコチラ → P.20

[キーワード]
オルディナリオ…モスト・ムエルトを蒸留してアルコール度数20%前後となった状態

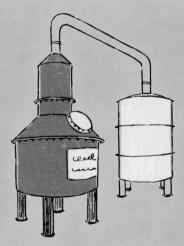
蒸留器は銅製かステンレス製のものが一般的

熟成

蒸留後は、そのまま瓶詰めされるものと、オーク樽で熟成させるものに分けられます。

樽の種類や使用回数、熟成期間などの要素が、各ブランドの味わいの特徴となります。また、樽の内側を焼いたり焦がしたりする度合いで、味わいに個性を加えることもあります。

樽詰めの作業は、必ずCRT（P.9）検査官の立ち会いのもとで行われ、蓋（ふた）の部分に所定の認定証を貼ります。その後はボトリングまで、CRTの許可なく蓋を開けることはできません。

ろ過

テキーラをフィルターに通し、固形物などの不純物を取り除きます。

蒸留所によって、フィルターの種類はさまざま。冷却フィルターや活性炭フィルターを使う場合や、ろ過をしないブランドもあります。

最後に規定内（1％以下）で甘味料や香料などの添加物を加えたり、ボトリング直前に加水したりする場合もあります。ただし、加水にはメキシコ公式規格に定める衛生基準を満たした水質の精製水のみが使用できます。

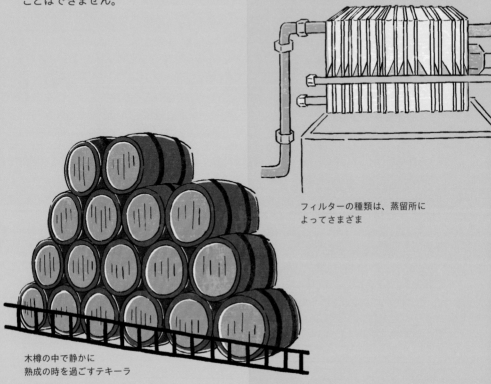

フィルターの種類は、蒸留所によってさまざま

木樽の中で静かに
熟成の時を過ごすテキーラ

10 Bottling
ボトリング

　テキーラでボトルの内側を洗浄した後、同じクラス（P.13）のテキーラをボトルに注入する工程を「ボトリング」といいます。テキーラのボトルに定型はありません。そのため、ボトルデザインがブランドの個性のひとつにもなっています。ただし、リサイクルボトルも含め、洗浄しやすいタイプの新品容器だけが、ボトリングに使用できます。

　容量は、5ℓを超えないことが規則となっています。

11 Recycling
リサイクル

　テキーラの製造過程で残された**バガス**などは、そのまま破棄されることが一般的でした。しかし、近年では環境問題への取り組みから、自社でリサイクル設備の設置や技術研究を行うなどして、肥料やバイオ燃料として再利用する蒸留所が増えています。

　テキーラの空きボトルのアップサイクルや、使い捨てストローの代わりにバガスをリサイクルしたアガベストローも、普及しつつあります。

> **[キーワード]**
> **バガス**…アガベアスルの繊維

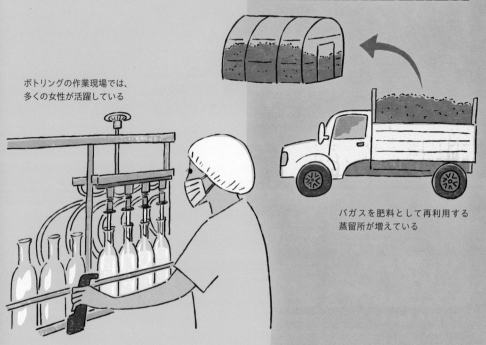

ボトリングの作業現場では、多くの女性が活躍している

バガスを肥料として再利用する蒸留所が増えている

テキーラの蒸留所の設備

実際の蒸留所で使われている
設備を、さらに詳しく知っていきましょう。

加熱で使われる窯(釜)

石や煉瓦製の窯「マンポステリア」

ステンレス製の圧力釜「アウトクラベ」

搾汁で使用される機材

現在主流の搾汁機「ローラーミル」

石臼を使った伝統的な搾汁方法「タオナ」

革新的な搾汁機「フランケンシュタイン」

大型の搾汁機「ディフューザー」

3種類の発酵槽

ステンレス製の発酵槽

木製の発酵槽

コンクリート製の発酵槽

3種類の 蒸留器

銅製の単式蒸留器

ステンレス製の単式蒸留器

連続式蒸留機

2種類の 熟成樽

200ℓほどのオーク樽の熟成庫

レポサドで使用する大容量の
木樽「ピポン」

ボトリング前の開封時まで
貼られる CRT の認定証

ボトリング前には、
注入するテキーラと
同じクラスのテキーラで、
ボトルの内側を洗浄！

─ Point! ─

テキーラの味の要は
蒸留責任者の腕で決まる！

蒸留の最初に出るヘッド（前留液）や、
最後に出てくるテール（後留液）の部分は、
人体に有害な成分を含んでいます。また、
不要な雑味を帯びているため、原則とし
て廃棄されます。

ブランドによって破棄される量が違い、こ
の作業を担う蒸留責任者の腕が、テキー
ラの味を決める重要な要素となります。

テキーラの ラベルの読み方

テキーラのラベルには、実はたくさんの情報が含まれています。
好みのテキーラを見つける参考に、ぜひ確認しましょう。

❶ テキーラの表記

❷ ブランド名または
　　登録商標

❸ カテゴリー

❹ クラス

❺ 生産者・蒸留所名

❻ 正味容量

❼ アルコール度数

❽ 公式の生産者番号

❾ メキシコ原産

❿ 蒸留所と
　　ボトリング工場の
　　所在地

⓫ 飲酒に関する
　　注意書き

⓬ ロット番号

ラベル内の表記：
❶ TEQUILA
❷ DELICIOSO TEQUILA
❸ 100% AGAVE
❹ REPOSADO
❺ ABCDEFGHIABCDJKLMNIABCDJKL
❻ Net Cont. 750ml.
❼ 40% Alc. Vol.
❽ NOM1111
❾ Hecho en Mexico
❿ ABCDEFGHJKLMNOPQR STUVWXYZABCDEFGHI
⓫ ABCDEFGHIJKLMNOPQRSTUVW
⓬ LOTE NO.0001

スマホアプリで、好みのテキーラが探せる!「テキーラマッチメーカー」とは?

「Tequila Matchmaker(テキーラマッチメーカー)」とは、グローバーとスカーレット夫妻が開発したスマートフォンアプリ。ブランド名やNOM番号で、蒸留所やテキーラの詳細情報を検索できるだけでなく、お気に入り登録をしたり、評価を行ったブランドからユーザーごとの味の好みを分析して、嗜好にマッチしたテキーラブランドを見つけたりすることができます。

さらに、GPSを活用したバーやレストラン、酒屋情報や、人気のテキーラ、注目ブランドなどの最新トレンドも発信しています。アプリを使って、手軽にテキーラ情報を調べたい方におすすめのアプリです。

テキーラマッチメーカー開発者の
グローバー&スカーレット夫妻

テキーラの伝説と歴史

そもそも、テキーラはどのような歴史を持つお酒なのでしょうか。
アガベ文化論研究者の松浦芳枝氏にお伺いしました。

悲恋から生まれたテキーラ

メキシコの先住民にとって、アガベは、日常生活の中で不可欠な材料でした。聖なる植物でもあったので、アガベの液汁を発酵させて作るお酒「プルケ」は、神官らが祭祀で飲用していました。

アステカ族の代表的な神話によると、アガベは、豊穣の女神マヤウエルと文化神ケッツァルコアトルとの悲恋から誕生したとされています。愛するマヤウエルを戦いで失ったケッツァルコアトルは、生まれ変わりのアガベの樹液を飲み続けて、寂しさを癒やそうとしました。そこに、折れた心の癒やしをテキーラおよびメスカル（P.136）に求める原点があります。

「メスカルワイン」と呼ばれていてたテキーラ

スペイン人は16世紀の征服後に蒸留技術を植民地に持ち込みました。それを、先住民がアガベのピニャ（P.10）を発酵させて作っていたお酒に適用して誕生したのがテキーラで、当時「メスカルワイン」と呼ばれていました。植民地の随所で造られるようになったメスカルワインは、先住民とスペイン人の「二つの世界・文化の出会い」から生まれたものと言えます。

19世紀に始まったテキーラ業界の近代化

1795年に、ホセ＝マリア＝G・クエルボは、カルロス4世よりメスカルワインの正式な製造許可を取得し、ラ・ロヘーニャという最初の蒸留所を開設しました。

独立達成後、テキーラ産のメスカルワインは、グアダラハラ以外の地域にも販路を拡大し、製造者は政治的発言権を増していきました。

19世紀末になると、簡潔に「テキーラ」と呼ばれるようになり、他の老舗メーカーのサウザ（P.100）、オレンダイン（P.103）とエラドゥーラが蒸留所を開設し、テキーラ業界の最初の近代化が始まります。

アステカ神話の中でアガベに関係付けられる豊穣の女神マヤウエル

また、ハリスコ州内のロス アルトス地方でもアガベ栽培が開始し、蒸留所の開設が続きました。

メキシコ国民のアイデンティティの拠り所

20世紀初頭に勃発したメキシコ革命を通じて、テキーラは、国民のアイデンティティの拠り所になりました。革命後の国内外の状況は、テキーラ産業にとって追い風となり、1940年代に流行した映画と音楽が、テキーラと愛国心を結び付けました。

1959年に全国テキーラ産業会議所（CNIT、P.9）の前身が創設され、1974年のテキーラの原産地呼称制度制定による保護宣言によって、国を挙げてテキーラを保護する体制が整います。

1994年に認証・検査機関としてテキーラ規制委員会（CRT）が創設されます。今日、テキーラは「メキシコから世界への贈り物」として、年々世界的に存在感を高めています。

松浦芳枝
Yoshie Matsuura

スペイン語・英語翻訳家
アガベ文化論研究者
「テキーラジャーナル」制作での調査・執筆協力

上智大学大学院（国際学修士）、メキシコ国立自治大学政治社会学部大学院ラテンアメリカ研究（博士課程満期退学）。主要訳書としての『パクス・クルトゥラ 平和構築の要諦としての文化』（ホルヘ・サンチェス＝コルデロ著、西田書店）など。

環境問題への取り組み

さまざまなテキーラの蒸留所が、森林破壊や地球温暖化などの環境問題に対応するため、
独自の取り組みを行っています。

世界の酒造業界でのトレンド・キーワードとなっている「サステナビリティ（持続可能性）」"SDGs"という概念。テキーラ産業も近年、この概念に基づく社会貢献活動や環境保全に注力しています。

先進的な蒸留所では積極的な設備投資を行い、自社リサイクル設備の設置や技術の研究により、廃水を含むテキーラの製造過程で使用した原材料のほぼ100％をリサイクル

しています。また、天然ガスボイラーの使用、ソーラーパネルによるテキーラ製造のための発電など、省エネに取り組む蒸留所も増えてきています。

さらに、アガベの供給を増やすための森林の農地化による、森林破壊が原因で温室効果ガスの排出が増加し、地球温暖化が進むなども問題になっているため、「森づくり」に取り組むブランドもあります。

バガス（P.19）やアガベジュースを使った商品

第2章
テキーラの飲み方
HOW TO TASTE TEQUILA

テキーラは、ストレートでそのまま
飲むだけではありません。飲み方
のバリエーションを知って、さらにテ
キーラを楽しみましょう!

「ストレート」だけじゃない

テキーラの飲み方

常温保存OK！しっかり密封すれば、賞味期限も特になし！

「テキーラを買ってみたけれど、1本飲みきれる自信がない」。そんな声を聞くことがあります。しかし、テキーラはそのままで楽しむ「ストレート」以外にも、さまざまな飲み方があります。そこで本章では、テキーラのさまざまな飲み方をご紹介します。

ストレートで楽しむ…P.27

カクテルで楽しむ……P.28

テキーラを楽しむ材料

アガベシロップ…P.36

塩・ライム……P.37

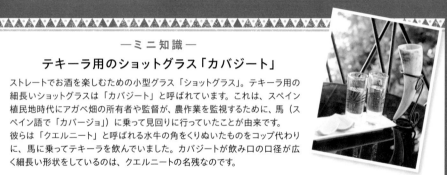

— ミニ知識 —

テキーラ用のショットグラス「カバジート」

ストレートでお酒を楽しむための小型グラス「ショットグラス」。テキーラ用の細長いショットグラスは「カバジート」と呼ばれています。これは、スペイン植民地時代にアガベ畑の所有者や監督が、農作業を監視するために、馬（スペイン語で「カバージョ」）に乗って見回りに行っていたことが由来です。
彼らは「クエルニート」と呼ばれる水牛の角をくりぬいたものをコップ代わりに、馬に乗ってテキーラを飲んでいました。カバジートが飲み口の口径が広く細長い形状をしているのは、クエルニートの名残なのです。

テイスティング方法
HOW TO TASTE TEQUILA

テキーラは、約600種類の香りのバリエーションがあります。香りを嗅ぎ分けることは難しいと思われがちですが、実は平均的な人でも、約30種類の香りが認識できるといわれています。ストレートでの味わい方を知れば、香りの感じ方も変わります。まずはテキーラのテイスティング方法を知ってみましょう。

テイスティングの **3ステップ** ➡

1 視覚で楽しむ
COLOR

グラスの中に注がれたテキーラの色、透明度、輝き、不純物がないかなどを観察します。

ブランコ
透明さが特徴

レポサド
黄色みを帯びた藁色（わらいろ）。金色の輝きが特徴

アニェホ
琥珀色（こはくいろ）。銅色の輝きが特徴

（POINT）

グラスをゆっくりと回転させてみましょう。テキーラのアルコール度数が高い場合、垂れ筋が長く残ります。

2 嗅覚で楽しむ
AROMA

グラスを傾け、ゆっくりと鼻に近づけます。嗅覚を集中させて、グラス①上部・②中部・③下部の3カ所に分けて、異なった香りをとらえてみます。

①第1アロマ
アガベアスルなどの、原材料に由来する香り

②第2アロマ
酵母や蒸留所固有の、製造過程に由来する香り

③第3アロマ
樽の種類や熟成期間に由来する香り

3 味覚で楽しむ
FLAVOR

テキーラを少しだけ口の中に入れます。舌で5秒間ほど転がした後、ゆっくり息を吐きながら、テキーラの香りを感じてみましょう。さらに口を閉じたまま、鼻から息を出して、甘みや酸味、苦みなどのバランスや、香りの変化を意識してみます。

鼻腔

舌

テキーラを使ったカクテルレシピ

簡単につくれるテキーラを使った代表的なカクテルレシピをご紹介します。
基本レシピを覚えたら、あとはお好みでアレンジしてみるのもおすすめ。
伝統的なカクテルからオリジナルカクテルまで、いろいろな味わいをお楽しみください。

マルガリータ
MARGARITA

世界で一番有名なテキーラベースのカクテル「マルガリータ」。さまざまなレシピが存在し、見た目や味わいなどのバラエティーが豊富です。

2:1:1 の割合

伝統的なレシピ

- ●テキーラ…30ml
- ●ホワイトキュラソー…15ml
- ●ライムジュース…15ml

材料をシェイクして、スノースタイルにしたグラスに注ぐ。

CHECK

スノースタイルとは？

グラスの縁に塩を薄くまぶして、雪（スノー）がついたようにみせる方法。平らに広げた塩の上に、ライムなどで縁を湿らせたグラスを押し当ててつくります。

トミーズ・マルガリータ
TOMMY'S MARGARITA

バリエーション豊富！
マルガリータのアレンジ例

サンフランシスコのメキシカンレストラン
"Tommy's" のオーナーが考案したレシピ。
100% アガベテキーラをベースに、ライムとアガ
ベシロップ(P.36)を使用するのが特徴です。スノー
スタイルではなく、氷を加えたオンザロックで提
供します。

フローズン・マルガリータ
FROZEN MARGARITA

「フローズン」とは「凍らせた」という意味。そ
の名の通り、マルガリータをシャーベット状にし
たカクテルです。ライムやマンゴー、ストロベリー
など、さまざまなアレンジがあり、レストランやバー
はもちろん、自宅でも手軽に楽しめます。

― ミニ知識 ―
マルガリータの起源

マルガリータの起源は諸説あり、真相は解明されていません。
なかでも最も古いのが、1936 年にメキシコにあるホテルの
バーテンダーが「マルガリータ」という名前の恋人のために
つくったという説。
そのほかにも上流階級の「マルガリータ・サメス」が、来客
時に大好きなテキーラとコアントローを使ったカクテルをふる
まった説や、テキーラ以外のアルコールにアレルギーのあっ
たシンガー「マージョリー・キング」のためにつくったカクテ
ルなど、さまざま。
興味のある方は、ぜひ他の説も調べてみてください。面白い
発見があるかもしれません 。

パロマ
PALOMA

スペイン語で「鳩」という意味のカクテル。メキシコで一般的に知られている、グレープフルーツを使った定番カクテルです。テキーラとグレープフルーツジュース、ソーダ、塩を使います。テキーラをグレープフルーツソーダでシンプルに割って楽しむ、カジュアルなレシピもあります。

定番レシピ

● テキーラ…30ml
● グレープフルーツジュース…60ml
● ソーダまたはトニックウォーター…60ml

氷を入れたスノースタイル（P.28）のグラスに材料を注ぐ。

柑橘類を使用
爽やかなテキーラの
カクテルレシピ

カンタリート
CANTARITO

スペイン語で「素焼きの器」を意味する、メキシコのハリスコ州から広まったカクテル。テキーラとフレッシュフルーツ、塩の入ったグラスに、グレープフルーツジュースとソーダを加えたもので、さっぱりとした味わいです。

テキーラ・サンライズ
TEQUILA SUNRISE

グラスにテキーラとオレンジジュースを注ぎ、仕上げにグレナデンシロップを加えて、底に沈めたカクテル。「朝日（サンライズ）」をイメージした、美しいグラデーションが特徴です。オレンジをレモンジュースに変えた、テキーラサンセットも人気があります。

マタドール
MATADOR

スペイン語で「闘牛士」という意味のカクテル。テキーラとパイナップルジュース、ライムジュースをシェイカーで混ぜた、すっきりと酸味のきいたカクテル。グラスの縁にパイナップルを添えるのが定番です。

バタンガ
BATANGA

1937年にテキーラ地区にある有名店 "La Capilla De Don Javier" のオーナー、ハビエル氏が考案したカクテル。スノースタイル（P.28）が一般的です。テキーラにたっぷりのライムジュースとコーラを注いでつくります。

定番レシピ

- テキーラ…30ml
- ライムジュース…1/2個分
- コーラ…90ml

氷を入れたスノースタイルのグラスに、材料を注いで混ぜ合わせる。ライムを切ったナイフで混ぜるのが本場のスタイル。

テキーラ・ハイボール
TEQUILA HIGHBALL

食事中にも楽しめる、シンプルなテキーラの炭酸割り。炭酸水の代わりに、トニックウォーターやジンジャーエールで割るのもおすすめ。お好みでライムを搾り入れると、さらに飲みやすくなります。

ストローハット
STRAWHAT

「ストローハット」は英語で「麦わら帽子」という意味。テキーラに、トマトジュースを加えてつくるシンプルなカクテル。トマトとレモンの酸味の爽やかな味わいが魅力です。お好みでウスターソースやチリソースを入れてアレンジするのもおすすめです。

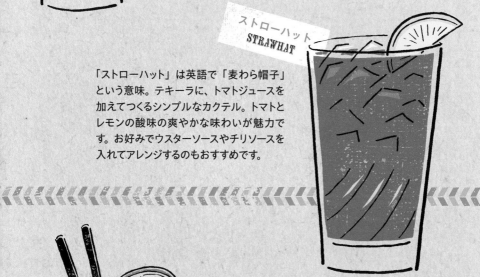

エル・ディアブロ
EL DIABLO

少し
応用！

スペイン語で「悪魔」という意味のカクテル。テキーラをカシスリキュールとジンジャーエールで割ってつくります。名前に反して（?）、さっぱりとした飲み口が特徴です。

鹿山博康氏が提案する
スペシャルカクテル

本書のカクテルを監修していただいた鹿山博康氏に、
オリジナルカクテルを紹介していただきました。
某人気テレビ番組にも紹介された、秘伝のレシピ。ぜひお試しください。

「ジャムウ」は、植物の実や葉、根
などを調合してできたインドネシア
発祥の伝統的な薬草ドリンクです。
インドネシア伝統の飲み物を、テ
キーラを使ってアレンジしました。
ターメリックとテキーラの相性をお
楽しみください。

レシピ
●テキーラ（レポサド）…40ml
●フレッシュオレンジジュース…40ml
●タマリンドペースト…10g
●パームシュガー…10g
●蜂蜜…10ml
●ターメリックパウダー…5g
材料をシェイクして、グラスに注ぐ。

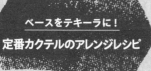

ベースをテキーラに！
定番カクテルのアレンジレシピ

テグローニ
TEGRONI

ジンを使ったカクテル「ネグローニ」のテキーラバージョン。ジンのかわりにテキーラを使い、スイートベルモット、カンパリを加えてつくります。甘みと苦みのバランスが絶妙なカクテルです。

テキーニ
TEQUINI

ジンを使ったカクテル「マティーニ」のテキーラバージョン。テキーラとドライベルモットをステアして、冷やしたグラスに注いでつくります。ドライな口当たりで人気の高いカクテルです。

カクテル監修 **鹿山博康** Hiroyasu Kayama
Bar BenFiddich オーナーバーテンダー

1983 年埼玉県生まれ。専門学校卒業後、都内のホテルに就職し、バーへの配属をきっかけにバーテンダーの道に。ホテル退職後、東京・西麻布のバーの店長を経て、2013 年 7 月に独立。畑を持つ農家バーテンダーであり『Farm to glass』を提唱。日本在来種の自生する草根木皮をカクテルにし、自然を愛する。
2023 年 The World's 50 Best Bars 37 位
2023 年 Asia's 50 Best Bars4 位

アガベシロップ

テキーラの原料となるアガベを使った、甘味料があるのをご存じでしょうか？
低GI値でオーガニックな「アガベシロップ」について、
日本ではじめてアガベシロップを輸入した実績を持つ薮田 桂 氏にお伺いしました。

メキシコ特産物として定着しつつある
アガベシロップ

アガベシロップとは、その名の通りアガベからつくられた甘いシロップのことです。テキーラほどの知名度や歴史はありませんが、1996年からメキシコで製造され、メキシコ特産物として定着しつつあります。一番の輸出先はアメリカ、次いでEUとなっています。

また、主要製造メーカー数社でアガベシロップ協会を設立し、政府と共にアガベシロップの基準を設けて、品質の劣るものが出荷されないように管理されています。

つくり方は、ピニャ(P.10)を工場で圧縮搾汁、加熱して、フィルターをかけてボトル充填と、いたってシンプルです。原料はテキーラと同じアガベアスル、またはサルミアナという品種からもつくられることもあります。それぞれ味や色、価格が異なるため、目的や好みに合わせて使い分けするのが良いでしょう。

料などの砂糖の代替として使用されています。実は醤油やお酢、乳製品との相性もとても良いと私は思っています。最近は日本の一般的なスーパーでも販売していますので、気軽に試してみていただけたらうれしいです。

欧米では、パンケーキやカクテルなどの
甘味料として人気

アガベシロップの人気の要因は、スッキリした甘さ、低GI値でオーガニックの甘味料などが考えられます。モデルの方や健康と美容の意識の高い方々を中心に広がっています。日本では金色のアガベシロップがメインですが、海外ではダークやアンバーなど、キャラメル風味も人気があります。特に欧米ではパンケーキやカクテル、スムージー、シリアルバーなどの甘味料として定着しています。

賞味期限は3年。そのままトーストやヨーグルトにかけたり、和洋中の料理、お菓子づくり・飲

薮田桂
Yabuta Katsura

株式会社アルマテラ
代表取締役

日本で2005年はじめてアガベシロップを輸入した実績をもち、アガベチョコレートやアガベゼリーなどアガベ製品を輸入または製造している。甘いもの好きでアガベシロップのおいしさに魅了され、輸入をスタート。現地を毎年訪問しており、今後は日本食との相性の良さを広げたいと毎月HPでレシピも公開中。

伝統的な飲み方といえば、コレ

テキーラと塩・ライムの関係

定番化のきっかけは、楽しむことよりも、医療目的だった!?

テキーラを飲むとき、塩とライムを添えることが定番になっています。
その理由は諸説あります。
有名なのは、アルコール度数が強いテキーラを飲むときに、
塩で唾液の分泌を促し、ライムジュースで喉の焼け付く感じを和らげていたという説。
さらに、1918年にメキシコ北部でスペイン風邪が猛威を振るっていた頃、
医師によって「テキーラと塩とライムの組み合わせが、
最善の治療法」として処方された、という説などもあります。

―― ミニ知識 ――

テキーラのチェイサー「サングリータ」の誕生

「チェイサー」とは、一般的にはお酒の合間に飲む水のことをいいますが、
テキーラのお供には「サングリータ」という独特なチェイサーがあります。
サングリータは、60年以上前にハリスコ州のチャパラ地区で誕生しました。
この地区でメキシコ料理店を経営していた夫妻が、テキーラを飲みやすくす
るために、オレンジスライスと塩、チリパウダーを添えて提供したことがきっ
かけです。
その後、オレンジスライスをオレンジジュースに替えて、他の材料を加えチェ
イサーとして提供するようになりました。
見た目が赤く血液(スペイン語で「Sangre(サングレ)」)のようだったため「可
愛らしい」という響きのある接尾語 "ita" をつけて「Sangrita(サングリータ)」
と名付けられたといわれています。

テキーラと塩の「おいしい」だけじゃない関係

テキーラと塩の関係、さらには塩にまつわる日本とメキシコの意外な関係などを、
塩の専門家である日本ソルトコーディネーター協会代表理事の青山志穂氏にお伺いしました。

起源は「健康のため」。
しかし、それだけでもないのが面白い！

テキーラを楽しむ時、そのお供としてよく登場するもののひとつ、「塩」。この組み合わせの起源は、前項(P.37)にある通りです。

では、テキーラと塩が「健康のためだけ」の組み合わせなのかというと、そうではないのが面白いところ。

テキーラとライムと塩を組み合わせると、味覚面でもおいしい変化が生じます。塩によって唾液の量を増やし、そこにアルコール度数の高いテキーラが着地すると、最初にぐっとくるアルコール感が軽減されるため、よりテキーラに含まれるさまざまな味わいが感じやすくなるのです。

そして、最後にちょっと喉がひりつくような感覚は、ライムジュースが防いでくれます。そのままテキーラだけで飲むよりもたくさん飲めてしまうという、ある意味「危険」ではありますが、テキーラと塩とライムは、実に合理的かつおいしい組み合わせだといえます。

日本とメキシコをつなぐ「塩」の存在

ちなみに、あまり知られていませんが、メキシコには世界で一番大きい塩田(なんと東京都3分の2個分!)があります。実は、そこで生産される天日塩のほとんどが、日本向けに輸出されているのです。日本人の生活は、メキシコ産の天日塩に支えられているといっても過言ではないほどです。

1〜2年かけて太陽と風の力だけで結晶化した塩は、いろいろなミネラルを含み、味わいもしょっぱいだけでない複雑さがあります。日本では長い間、メキシコ産の塩を加工食品や「伯方の塩」の原料として使用してきたため、一般消費者が未加工の状態で手にすることは難しかったです。しかし最近では、そのまま販売しているメーカーもあり、入手しやすくなりました。

テキーラを味わい尽くすためのツール

近年では「ライムや塩はもういらない、そのまま味わってほしい」とする生産者の方も増えていると聞きます。しかし、塩もライムも、テキーラの味を覆い隠すものではなく、より膨らませたり、普段は隠れている味を引き出したり、いわば楽しみの幅を広げてくれるもの。

まずはそのままじっくり味わって、そして塩やライムを合わせて、味の変化を楽しんで……テキーラを味わい尽くすためのツールとして、塩をぜひ活用してみてくださいね。

青山志穂
Shiho Aoyama

日本ソルトコーディネーター協会
代表理事

2012年に独立し、社団法人日本ソルトコーディネーター協会を設立。セミナーやワークショップの開催、企業と協働での商品開発やメニュー開発を多数行う。著書『日本と世界の塩の図鑑』(あさ出版)など累計6万部を突破。

第**3**章

テキーラとメキシコの食文化

TEQUILA AND MEXICAN FOOD CULTURE

ユネスコの無形文化遺産にも登録されているメキシコの伝統料理を、テキーラと一緒に覚えましょう!

4人のシェフが選ぶ
テキーラ原産地の名物メニュー

メキシコの伝統料理は、ユネスコ無形文化遺産!

2010年にユネスコの無形文化遺産に登録された、メキシコの伝統料理。先住民の文化と植民地時代の西洋文化が融合し、多様な料理文化となったメキシコ料理は、世界中から注目されています。そんなメキシコの伝統料理から、テキーラ原産地5州の名物料理や、テキーラに合う料理を4人のシェフに紹介していただきました。

📍 **グアナファト州**
エンチラーダス・ミネラス

トウモロコシのトルティージャを唐辛子が入ったサルサにくぐらせ、フレッシュチーズを中に入れて丸めます。仕上げに、刻んだレタス、粉チーズ、唐辛子のピクルスをのせて、ジャガイモとにんじんのソテーを添えたら完成です。

CHEF 1
前在日メキシコ大使館シェフ
ヘルマン・オリーバ氏が選ぶ名物料理

📍 **タマウリパス州**
ゴルディータス

トルティージャを厚めに成形し、専用のフライパン「コマル」で焼き、中央部に切れ目を入れて、具材を詰めてつくります。

📍 ハリスコ州

トルタ・アオガダ

ハリスコ州のグアダラハラで有名な料理。バゲットに似た「ボリージョ」というシンプルなパンに切れ目を入れ、豆（フリホーレス）のペーストを塗り、ラードやオレンジでゆっくり煮込んだ「カルニータス」を詰めます。トマトとチレ・デ・アルボルでつくったサルサをたっぷりかけることから「アオガダ（スペイン語で「溺れた」）」という名前がついています。玉ねぎの酢漬けやライムジュースと一緒に食べるのが定番。

ワカモレ

アボカドをフォークの背を使って荒くつぶした後、みじん切りした玉ねぎ、トマト、コリアンダー、青唐辛子を混ぜ合わせたもの。ライムジュースと塩で味付けします。トルティージャチップスと一緒に食べるのが定番です。

CHEF

ヘルマン・オリーバ

前メキシコ大使館シェフ。世界に向けてメキシコ料理をPR・発信。メキシコ食文化保存協会役員。メキシコ・コリマ大学で美食学士の学位を取得。メキシコ、アメリカ、フランス、イタリア、モナコ公国などで食文化やワインに関するさまざまなシーンで経験を積む。2019年メキシコ若手ソムリエコンクール3位、2023年タコ・デ・オロ賞、ワールドシェフ王料理大会『健康美食賞』受賞。

CHEF'S SELECTION

テキーラにマッチするおすすめ料理

3種類のサルサ

サルサとはスペイン語で「ソース」のこと。メキシコ料理には欠かせないソースです。トマト、玉ねぎ、にんにくをベースに、さまざまな種類の唐辛子を使ったバリエーションが存在します。調理方法も、生や加熱したもの、すりつぶしたものなど、無数の種類があります。

チラキレス

残り物のトルティージャをリメイクした、メキシコ定番の朝ごはんです。素揚げしたトルティージャに熱々のサルサをからませ、お皿に盛り付けた後、サワークリーム、フレッシュチーズ、コリンアンダー、玉ねぎのみじん切り、アボカド、目玉焼き、鶏ほぐし身などお好みのトッピングで仕上げます。

📍 ハリスコ州

ポソレ ハリシエンセ

「カカワシントル」という大粒の白いトウモロコシ
を、豚肉ベースのスープで煮込んだ、メキシコで
愛されている料理。レタス、玉ねぎ、ラディッシュ、
コリアンダーなどのトッピングと共に、ライムを搾っ
て食べます。ハリスコ州では唐辛子で風味を付
けた赤色のスープが定番です。

ナヤリット州
ペスカド サランデアド

太平洋で採れる鯛やスズキなどの白身の魚を頭ごと開いて、唐辛子やにんにく、マヨネーズなどでつくったマリネに漬けてグリルした料理。「サランデアドール」と呼ばれる両側から挟む網に入れて焼くのが特徴です。

タマウリパス州
チルパチョレ デ ハイバ

蟹を使ったスープ料理。メキシコ湾で採れる蟹を「チポトレ」というハラペーニョを乾燥、薫製した唐辛子と一緒に煮て、トウモロコシの粉でとろみをつけます。仕上げに「エパソテ」というハーブで香りをつけた、スパイシーで味わい深いスープです。

CHEF'S SELECTION

テキーラにマッチする
おすすめ料理

セビチェ

海老、ホタテ、タコ、魚などのフレッシュな魚介類を、トマトやアボカド、玉ねぎ、コリアンダーなどと一緒に、ライムとハラペーニョなどの唐辛子に漬け込んだ料理。前菜やおつまみとして最適です。

CHEF

森山光司
もりやまこうじ
メキシコ料理店「サルシータ」
オーナー料理長

20代に米国の日本食レストランで働いていた時にメキシコのカルチャーに出会う。その後、スペイン、ラテンアメリカを1年かけて旅する。帰国後、メキシコ料理の店長職を経て再びメキシコに渡り、メキシコシティのレストラン、大学で学んだ後、1999年に東京でサルシータを開店。『メキシコ料理大全』(誠文堂新光社)著者。

サルシータ
〒106-0047
東京都港区南麻布4丁目5-65 広尾アーバン
電話番号：03-3280-1145

CHEF
3
テピート
東京・下北沢

滝沢久美オロアルテ氏が
選ぶ名物料理

♀ グアナファト州

ティンガ

鶏肉を小さくさいて、玉ねぎやトマトなどと煮込んだピ
リ辛料理。トルティージャの上に、メキシカンライスと共
にのせて、アボカドを添えて手巻き寿司のように食べま
す。

ミチョアカン州

カルニータス
（豚肉のコンフィ）

ミチョアカン州発祥の料理で、豚肉のさまざまな部位を角切りにし、ラードでゆっくり煮込んでつくります。メキシコではカルニータスをタコスの具材にすることが多く、辛いサルサを少しかけていただきます。

CHEF'S SELECTION

テキーラにマッチする
おすすめ料理

メキシコマンゴーヨーグルト
のテキーラがけ

メキシコのグラシアスマンゴーは、芳醇（ほうじゅん）で濃厚な南国の味。ヨーグルトと共に食べると、ヨーグルトまでまろやかに変わります。そこにテキーラを数滴かけることで、大人の味に変身します。お試しあれ！

フラン

メキシコのプリン。クリームチーズを使うこのプリンは、卵だけでつくるプリンよりも、もっと濃厚です。テキーラを数滴かけると、大人の味に変身！

CHEF

滝沢久美オロアルテ
（たきざわくみ）
メキシコ料理店「テピート」
オーナー料理長

広島県生まれ。幼少より表千家茶道を学ぶ。表千家茶道教授。母親と娘の3代で、茶道・茶事懐石教室主催。1964年5月初来日したトリオ・デルフィネスのリーダーであるチューチョと出会い、以後メキシコとの関わりが始まる。2006年からメキシコ料理店「テピート」を始める。著書に『メキシコ料理Tepito（テピート）レシピブック』（パルコ）。

テピート
〒155-0031
東京都世田谷区北沢3丁目19−9
03-3460-1077

CHEF 4

シエリートリンド・
バー・アンド・グリル

東京・竹芝

ビクトル・バスケス氏が
選ぶ名物料理

📍 **ハリスコ州**

ビリア

16世紀に先住民文化とスペイン文化が融合して誕生したハリスコ州発祥の料理。誕生日や結婚式など、家族のお祝い事の際に食べられる伝統料理です。ヤギの肉と唐辛子ペーストや野菜を一緒に煮込みます（羊・豚・牛肉でも可能）。

テキーラにマッチする
おすすめ料理

チュリトス デ マイス

トウモロコシの粉、植物油、塩を混ぜた生地を細長く成形し、油で揚げたメキシコのスナック。カロリーが高くなるので、油を少量にするのがポイントです。

📍 **グアナファト州**

ワカマヤス

メキシコでよく食べられているバケットに似たパン「ボリージョ」の中に具を挟んで「チレ・デ・アルボルソース」をかけて食べる屋台フード。具材には、豚の皮を揚げた「チチャロン」や「ピコ・デ・ガヨ」というトマトやハラペーニョなどを使ったシンプルなサルサが定番です。

CHEF

ビクトル・バスケス
「シエリートリンド・バー・アンド・グリル」
エグゼクティブシェフ

メキシコシティ出身。メキシコの有名店Maximo Bistro（メキシコシティ）に勤務。その後、在日メキシコ大使館のシェフを務めた。在任中は 1,000 人規模のイベントや政府高官を招いたレセプションなどで料理を提供。現在、メキシコ料理レストラン「シエリートリンド」「カボス」でエグゼクティブシェフを務める。

シエリートリンド・バー・アンド・グリル

〒105-7503
東京都港区海岸 1-7-1 東京ポートシティ竹芝 オフィスタワー 3F
電話番号：03-6381-5385

アグアチレ
（エビのマリネ）

メキシコ西岸地域の郷土料理で、テキーラと相性がとてもよいマリネ。新鮮な海老をライムジュースと青唐辛子を使ったマリネ液に浸して、キュウリ、玉ねぎ、コリアンダーなどの新鮮野菜を添えていただきます。

おうちで気軽に！
メキシカンタコス&テキーラパーティー

いろいろな食材を組み合わせてつくるメキシカンタコスは、バーベキューにピッタリ！
テキーラ片手におしゃべりしながらタコスにかぶりつく。
これはもう、最高のバーベキューパーティーです。

メキシコのバーベキューで
おすすめは
なんといっても、タコス！

日本のバーベキューといえば、焼き肉をイメージする方が多いかもしれません。海外では、それぞれの国や地域でさまざまなバーベキューのスタイルがあります。メキシコといえば……そう、タコスです。実はこのタコス、メキシコの伝統的な郷土料理で、各地の「ご当地食材」であるポークやビーフ、ラム、シーフードなどを使ったいろいろなレシピがあり、バラエティー豊かな料理なのです。

つくり方は簡単。市販のトルティージャに調理した肉を入れ、刻んだ玉ねぎやトマト、たっぷりのコリアンダーをのせ、お好みのサルサをかけたら出来上がり。中身をこぼさないように横からかぶりついて食べるのが本場流です。

「ご当地タコス」の一番人気は
カルニータス

カルニータスとは、スパイスを入れたラードで、豚肉を軟らかくなるまで時間をかけてゆっくり煮込んだお料理です。油で煮込むところは、アヒージョの手法と同じです。低温のラードで時間をかけるのがコツです。肉がほどけてホロホロなったら出来上がり。これはパーティー前につくっておきましょう。

牛肉のカルネ アサーダもおすすめです。牛肉をライムジュースとオリーブオイル、ワインビネガー、スパイスでマリネします。バーベキューグリルで焼いたあとに刻み、トルティージャに挟んで、お好みの野菜とサルサをかけたら出来上がり。簡単でおいしいタコスです。

カラフルな食器とテキーラで
明るくアットホームなバーベキュー

　メキシコ料理といえば、カラフルな食器を使うことでも有名。メキシカンタコスのパーティーでは、買ったけれど普段はあまり使わない華やかなお皿やカップも登場させて、明るく陽気なパーティーを演出しましょう。

　また、タコスの具材は軽く焼いたり煮込んだりするものが多いため、電気式のバーベキューグリルをおすすめします。電気式は炭を使わず火も出ないので、安全でお手軽です。後片付けも楽です。

　それでは、テキーラグラスを片手に手軽においしいメキシカンバーベキューを楽しんでください。盛り上がること請け合いです。

　マルガリータやパロマなどの手軽につくれるテキーラカクテルも、パーティーにおすすめです。

　どうぞお試しあれ！

Tamio Shimojo
下城 民夫

日本バーベキュー協会会長 / 創業者
Barbecue Foundation 株式会社
代表取締役

日本ではじめてのアウトドア専門の通信社である「アウトドア情報センター」を立ち上げる。2006年、日本に本物のバーベキュー文化をつくり出す目的で、アジア初のバーベキュープロモーション団体「日本バーベキュー協会」を設立。現在は日本国内だけでなく、米国やオーストラリアでのバーベキュー世界選手権への参加など、世界で活動する。『BBQ HACKS』(徳間書店)、『バーベキューレシピ100選!』(ネコ・パブリッシング) など、著書多数。

**ホームパーティーに
おすすめの3,000円台までで
買えるテキーラ**

左から、オルメカ アルトス (P.118)、カスコ ヴィエホ (P.124)、サウザブルー (P.100)、レヒレテ パパロテ (P.127) クエルボ トラディショナル (P.104)、アガバレス (P.109)、カサ マエストリ (P.106)

※撮影協力　渡辺裕見子

テキーラ×食文化

メキシコの食器

多様性のあるメキシコ料理と同じように、メキシコの食器も多種多様。
陶磁史研究家の加納亜美子氏に、メキシコの食器について伺いました。

テキーラの生産地ハリスコ州のグアダラハラには「トナラ」というやきものの産地があります。この地域では、先住民の時代から土器づくりが盛んに行われてきました。現在も、派手過ぎず落ち着いた雰囲気の食器が、トナラの工房でつくられています。

一方で、メキシコの観光地に行くと、オリエンタルなデザインの食器が売られているのをよく見かけます。メキシコが、かつてイスラム帝国の支配下だったスペインの植民地時代を経たことで、異国情緒を感じるデザインがメキシコに持ち込まれたのです。

素朴な絵柄やオリエンタルな絵柄、さらには一般家庭でも使われている実用性抜群の琺瑯の食器まで、メキシコは食器の世界も楽しむことができます。ぜひ料理と一緒に、食器にも意識を向けてみてくださいね。

観光地で見かけるオリエンタルな絵付けの食器

トナラにある工房の5代目アントニオ・ヘスース・ディアスは、伝統を守りつつ、より芸術性の高い作品を生み出している

トナラの食器は、土の風合いを感じる優しいデザインが多い

加納亜美子
Amiko Kano

陶磁史研究家

幼少から洋食器コレクターの父親の影響を受け、ブランド食器に秘められたストーリー性に興味を持つ。現在は、陶磁器に関する執筆・講演など幅広く活動している。共著『あたらしい洋食器の教科書 美術様式と世界史から楽しくわかる陶磁器の世界』(翔泳社)は海外でも翻訳される。

第4章

テキーラと旅

TEQUILA AND JOURNEY

テキーラの基礎知識や飲み方、
メキシコの食文化を知った方は、
さらに「テキーラをテーマにし
た旅」を経験してみませんか？

「テキーラの旅」に出かけよう！

メキシコの基礎知識

テキーラのことをもっと知りたくて「メキシコに行きたい！」と思った方もいらっしゃるのではないでしょうか。
実は、アエロメヒコ航空と全日本空輸 (ANA) が、成田-メキシコシティの直行便を運航しています！
本書では「テキーラを巡る旅がしたい」という方のために、とっておきのお役立ち情報をご紹介します。

ハリスコ州

グアダラハラ (P.53)

メキシコシティ

テキーラタウン (P.58)

トラケパケ (P.54)

国名	メキシコ合衆国
首都	メキシコシティ
公用語	スペイン語
国土	約 196万4375m^2（日本の約5倍強）
人口	約 1.3 億人
宗教	カトリック（国民の約 9 割）
時差	日本からマイナス 14 〜 17 時間
通貨	メキシコペソ（MXN）
レート	1 ペソ= 8.6 円（2024 年 1 月現在）
気候	5 〜 10 月雨季・11 〜 4 月乾季

◆ Memo ◆
日本からメキシコシティは、
直行便で 13 〜 15 時間!

― ミ二知識 ―
世界最大級の世界遺産の街
「メキシコシティ」

メキシコシティは、アステカ帝国が繁栄していた地として有名な、メキシコの首都です。歴史と伝統が受け継がれた景観のなかには、実に 5 つもの世界遺産が保持されています。美術館やギャラリーも多く、ロンドンに次いで世界 2 番目のアートの街としても有名です。ショッピングやグルメも充実し、モダンメキシコ料理の話題のレストランやお洒落なテキーラ・メスカル専門のバー巡りを楽しむことができます。

また、中心地にある Museo del Tequila y el Mezcal（テキーラ・メスカル博物館）では、製法について学んだり、試飲が楽しめたりします。ボトルの展示・販売のラインナップも充実していますので、ぜひメキシコシティに行く際には立ち寄ってみてください。

「テキーラの旅」の拠点となる都市

グアダラハラで歴史と文化を学ぶ

テキーラの一大生産地ハリスコ州のグアダラハラは、
テキーラの旅で重要な拠点となる都市。
まずは基礎情報を知っておきましょう。

グアダラハラ中心地

「西部の真珠」と称される
メキシコ第2の都市グアダラハラ

メキシコ第2の都市グアダラハラは、さまざまな美しい建築様式が立ち並ぶ景観から「西部の真珠」と称されています。メキシコ画壇4大巨匠のひとりホセ・クレメンテ・オロスコや20世紀を代表する建築家ルイス・バラガンら、多くの芸術家を輩出しました。さらにメキシコの伝統音楽のマリアッチ発祥の地としても知られています。

おすすめのバー

日本の人気テレビ番組で紹介された名店
♪La Fuente♪
ラ フエンテ

修道院だった石造りの建物を改修したバー。看板がないため、入店しづらい印象がありますが、ピアノの生演奏に合わせてお客さんも一緒に大合唱したり、マリアッチが来て演奏したりする陽気な場所です。

C. Pino Suárez 78 , Zona Centro , 44100
Guadalajara , Jalisco , México

充実したテキーラの品揃えが魅力
♪LA TEQUILA♪
ラ テキーラ

グアダラハラ市内にあるテキーラが 1,300 種類（約 500 ブランド）以上揃う、洗練された雰囲気のテキーラ生産者が通うレストランバー。フード、テキーラのメニューも非常に充実していて伝統的な本場のメキシコ料理も楽しめます。

Av.México , 2830 Guadalajara , Jalisco , México

明るい街並みが魅力的
② トラケパケの街歩き

グアダラハラの一角にある街「トラケパケ」。
メキシコの魅力が詰まった、明るい街並みが魅力です。
ここでお目当てのテキーラを探してみませんか?

グアダラハラの中心地から約15km南に位置するトラケパケは、かつて貴族の別荘地だった街です。現在は別荘が改装され、お土産が買えたり、写真が映えるスポットがあったりと、明るくカラフルな街並みが人気です。そんなトラケパケに来たら、テキーラが買える銘店と名物カクテル「カスエラ」がおすすめです!

〰〰〰〰 おすすめのスポット 〰〰〰〰

名物カクテル「カスエラ」を楽しもう!
El Parián
エル パリアン(マリアッチ広場)

中央のステージを囲むようにたくさんのレストランが立ち並び、マリアッチの演奏を聴きながら食事やテキーラが楽しめる広場。ぜひ、名物カクテル「カスエラ」をお試しください。

C. Juárez 68 , Centro , 45500 San Pedro Tlaquepaque , Jalisco , México

> ### ◆ Memo ◆
>
> 「カスエラ」とはスペイン語で「鍋」という意味。大きなボウルに、グレープフルーツジュース、炭酸、ライムなどのフルーツが入っていて、そこに好きなテキーラをオーダーして、中に入れて飲むスタイルです。ステージに近い席では、チャージ料の代わりに、このカクテルを1杯オーダーするのがお決まりです。

テキーラを使った名物カクテル「カスエラ」

マリアッチ広場の中心部

〰〰〰〰 おすすめのレストラン 〰〰〰〰

おとぎ話のような世界観!
Casa Luna
カサ ルナ

華やかなお料理とテキーラのペアリングが楽しめるレストラン。季節ごとに変わるオシャレな装飾が施された入り口を抜けると、まるでおとぎ話の中に迷い込んでしまったかのような素敵な空間が広がります。食後酒には「カラヒージョ」がおすすめ。ちょっとしたサプライズが楽しめます。

Calle Independencia 211 , Centro , 45500 San Pedro Tlaquepaque , Jalisco , México

季節ごとに変わる店内。写真は11月の様子

華やかに盛り付けられたメキシコの伝統料理が楽しめる

ギネス世界記録の品揃え
❧Nuestros Dulces❧
ヌエストロス ドゥルセス

トラケパケでお土産を探している人は訪れるべきお店。2,000種類以上のテキーラを随時取り揃えていて、日本では絶対手に入らないものも多数あり！

154 Calle Juárez , 45500
Tlaquepaque , Jalisco , México

店内には、テキーラの取り扱い点数を示す看板

選りすぐりのテキーラが買える
❧El BUHO❧
エル ブホ

トラケパケでテキーラ業界のカリスマ的な存在であるエンリケ氏が経営するリカーショップ。家族代々酒屋を営む、テキーラと共に歩んできた歴史を感じられる銘店です。

168 Calle Río Juárez , 45500
Tlaquepaque , Jalisco , México

店主エンリケ氏

トラケパケで蒸留所見学

グアダラハラで最も古い蒸留所
❧Tequilas del Señor❧
テキーラス・デル・セニョール蒸留所

トラケパケの中心地近くに位置する蒸留所。創業は 1943 年で、グアダラハラの蒸留所の中では最も古い歴史を持ちます。施設内にはミュージアムがあり、テキーラにまつわるさまざまな伝統工芸品や創業時の写真、過去につくられたテキーラボトルなどが展示されています。ここでしか使用されていない 100 年以上前のドイツ製の古い歯車型のローラーミルは必見です。蒸留所見学の最後は、樽の貯蔵庫の中にあるバーで特別に試飲も体験できます。

一般公開はしていませんが、神田亜美氏（P.61）経由で予約可能です。

樽の貯蔵庫内では「エレンシア」の試飲が体験できる

蒸留所に併設されたミュージアムの外観

施設内の様子。右手前にミュージアム、左奥に蒸留所がある

テキーラの知識を深める特別な旅

ホセ クエルボ エクスプレス

グアダラハラとテキーラタウン(P.58)を結ぶ、
テキーラが飲み放題の観光列車「ホセ クエルボ エクスプレス」。
列車旅と蒸留所の見学がセットになった魅力的なツアー内容をご紹介します。

「ホセ クエルボ エクスプレス」は、豪華な列車旅と蒸留所の見学がセットになった、テキーラ尽くしの日帰りツアーです。テキーラを味わいながら、テキーラやメキシコの知識を深めることができます。エンターテインメント性も優れているため、テキーラ初心者やメキシコがはじめての人はもちろん、お酒があまり飲めない人にもおすすめです。

Let's Go!

おすすめのプラン

午前は優雅な列車旅を満喫

車窓からのアガベ畑を眺めながら、テキーラを堪能

♪**Jose Cuervo Express**♪
ホセ クエルボ エクスプレス

AM 3:00

駅の専用カウンターでチェックイン

グアダラハラ駅に到着すると、待合室はすでに大勢の人でにぎわっています。世界中からテキーラツアーを楽しむために集まった陽気な顔ぶれです。ホームには「ホセ クエルボ エクスプレス」のロゴが入った黒塗りの外装の豪華列車が待機しています。専用カウンターでチェックインを済ませて、セキュリティーを通った後、いよいよ列車に乗り込みます。

黒塗りの豪華列車「ホセ クエルボ エクスプレス」

AM 9:00

駅を出発。テキーラの列車旅がスタート

列車は、グアダラハラから約60キロ先のテキーラタウンを目指してゆっくり出発。席に着くと、すぐにウェルカムカクテルが運ばれてきます。何種類かのカクテルが順番に提供された後、車内ではスタッフによる本場メキシコでのテキーラの飲み方やクエルボの歴史の説明、さらにカクテルのつくり方のレクチャーがあり、窓の外に広がる世界遺産に登録された広大なアガベ畑の景色と共に、自由に好きなテキーラやカクテルを飲みながら優雅な列車の旅を楽しみます。

車内では自由にテキーラやカクテルが楽しめる

午後はイベント盛りだくさん

テキーラの製造工程やテイスティングが学べる

♪La Rojeña♪
ラ・ロヘーニャ蒸留所(P.104)

AM 11:00 テキーラタウン駅に到着。
クエルボの蒸留所見学へ

出発して約2時間後、テキーラタウンの駅に到着します。マリアッチによる演奏で出迎えられると、専用のバスでラ・ロヘーニャ蒸留所に向かい、蒸留所見学がスタートします。蒸留所内では、英語とスペイン語の2つのツアーに分かれて、アガベの加熱方法から蒸留、樽熟成までの工程を学びます。製造工程を見学した後は、テイスティングルームへ。各クラスや樽熟成の度合いによるテキーラの色や、香り、味の違いを体感し、テキーラのテイスティング方法を学びます。

蒸留所ツアーの様子

PM 2:00 テキーラタウンを自由散策

テイスティングの後は、フリータイムです。ラ・ロヘーニャ蒸留所はテキーラタウンの中心地にあるため、マルガリータや屋台のカンタリートを片手に、自由に街を散策することができます。

蒸留所のエントランスには、巨大なカラスのモニュメント。写真スポットとしても人気

PM 4:00 特設会場で伝統舞踊と
マリアッチのショー

自由散策が終わった後は、蒸留所内の特設会場で伝統舞踊とマリアッチのショーを鑑賞します。

コアを持つヒマドール

特設会場でマリアッチ
ショーを鑑賞

PM 5:30

アガベ畑で収穫の様子を見学

ショーの後は、専用バスでアガベ畑に移動して、ヒマドールによる収穫のデモンストレーションを見学します。見学の後は、バスでグアダラハラに戻ります。

▶ ツアーのお申し込み
株式会社メキシコ観光　TEL：03-5811-1791
pasela.mexicokanko.co.jp

テキーラファンの聖地！
④ テキーラタウンの街歩き

テキーラタウンの街並み

グアダラハラから車で約2時間、世界遺産の街としても有名で、テキーラの蒸留所が随所に存在する「テキーラタウン」。メキシコ国内はもとより、世界中から観光客が訪れる人気の観光地です。2003年には、メキシコ政府観光局から魔法のように魅力がある文化的な観光地として「Pueblo Mágico（プエブロ・マヒコ、「魔法の街」という意味）」のひとつに選出されました。

「TEQUILA」の看板前で写真を撮ろう

テキーラタウンの中心地には「TEQUILA」の文字の看板があります。まずはここで記念写真を撮ってみましょう。チップを払うと撮影してくれる子どもたちが声をかけてくるので、ぜひお願いしてみてください。週末には中心地の広場を囲むように、カンタリートのバーや民芸品ショップ、屋台などが所狭し

撮影スポットになっている「TEQUILA」の看板

と並び、お祭りの縁日のような雰囲気を楽しむことができます。また、テキーラ地区でつくられるブランドの専門ショップも多数あるので、オリジナルグッズやボトルのお土産を買うのもおすすめ。

街なかで樽バスが運行している

移動は樽バスで！

テキーラタウンでは、樽やボトル、アガベやギターなどさまざまな形の観光バスが運行しています。蒸留所ツアーとセットで当日申し込みもできます。事前に蒸留所ツアーの申し込みをしていなかったけれど、参加してみたい！という方は、ぜひ広場でツアーの案内をしているガイドに声をかけてみてください。

〜〜〜〜 おすすめのバー 〜〜〜〜

「バタンガ」発祥の銘店
⚜ La Capilla De Don Javier ⚜
ラ カピージャ デ ドン ハビエル

世界中のテキーラファンが訪れる巡礼地ともいえる有名店。1937年に初代オーナーのハビエル氏によって考案されたテキーラカクテル「バタンガ (p.32)」発祥のバーです。テキーラにライムを1個分搾り、コーラを入れた後にライムを切ったナイフでグラスをまぜるスタイルが話題となり、さまざまなメディアでも紹介されています。

Hidalgo 31 , Centro , 46400 , Tequila , Jalisco , México

ほとんどのお客さんがバタンガをオーダー

テキーラタウンで体験できる
おすすめの蒸留所ツアー

テキーラタウンには、製造工程を見学できるツアーを開催している蒸留所があります。ここでは、日本から予約できる3つの蒸留所ツアーをご紹介します。

おすすめの蒸留所ツアー

事前予約必須!
サウザの歴史と製法を学ぶバスツアー

⚘SAUZA⚘
サウザ蒸留所

サウザ蒸留所は、数種類のツアーが用意された人気の観光スポットです。蒸留所見学だけでなく、蒸留所に隣接するレストランで食事やテキーラを楽しんだり、ギフトショップでお土産を購入したりすることもできます。ぜひツアーの最後に立ち寄ってみてください。

サウザ蒸留所に隣接した荘園にあるレストラン

専用ツアーバスでアガベ畑へ

事前に申し込みをして、予約当日に蒸留所の入り口で受け付けを終えると、英語ガイドの専用ツアーバスに乗り込み、アガベ畑に向かいます。

サウザ蒸留所の専用ツ
アーバスでアガベ畑へ

畑でアガベについて学べる

蒸留所を出発して、約10分後に「ボタニックガーデン」と呼ばれるアガベ畑に到着します。ここでは多種多様なアガベが育てられています。また、「テキーラの原料=サボテン」と勘違いされることが多いため、比較のためにサボテンも植えられています。アガベについての説明を聞いた後は、テキーラの原料となるアガベアスルの畑の区画に移動します。そこでヒマドールのデモンストレーションや、記念撮影などをして、バスで蒸留所に戻ります。

ボタニックガーデン。写真右はアガベ、中央にサボテンが植えられている

撮影可能な中庭にある壁画

撮影NG。蒸留所内で製法を見学

蒸留所内では、まずサウサ家の歴史について説明を聞き、その後テキーラの製造工程を見学します。蒸留所内は撮影が一切禁止されていますが、唯一撮影ができる敷地内の中庭には、サウザがテキーラづくりを始めた頃のストーリーが描かれています（写真左）。ちなみに、よく見ると壁画の中央にアガベの上に乗った鶏が描かれています。これは創業者のドン・セノビオ・サウザ氏が鶏好きだったことや、闘鶏を描くことで力強さや繁栄の象徴としていることに由来しています。

▶ツアーのお申し込み
株式会社メキシコ観光　TEL：03-5811-1791
pasela.mexicokanko.co.jp

 2

ツアーの最後は、絶好のロケーションで
ランチタイムが楽しめる

⚑Fortaleza⚑
フォルタレサ蒸留所(P.112)

「不屈の精神」で誕生した蒸留所

フォルタレサ蒸留所は、オーナーであるギジェルモ氏の
「不屈の精神（スペイン語でフォルタレサ）」が、その
ままブランド名になっている蒸留所です。サウサ家出身
のギジェルモ氏は、祖父が所有してた小さな蒸留所を
見つけます。そして「祖父が自分に残してくれたプレゼ
ントだ」という想いを込めて、2005年に再建させました。

蒸留所の外観は鮮やかなピンクの壁が印象的

アガベ畑を眺めながらテキーラを楽しめる

ツアー専門の入り口で受け付けを済ませた後は、テキーラ「フォルタレサ」の
製法について、ガイドの解説を聞きながら敷地内を順番に巡ります。さらに、
ツアーの最後には、蒸留所内のアガベ畑を眺めることのできる絶好のロケー
ションで、ランチタイムを過ごすこともできます。ちなみに、蒸留所内では、保
護したストリートドッグが10匹以上育てられています。蒸留所を訪問すると、
彼らが幸せそうに過ごしているのを見ることができて、犬好きの方にはたまら
ない環境です。

アガベ畑を眺めながら、タコスと
フォルタレサを楽しむことができる

⚑ **ツアーのお申し込み**
現地コーディネーター　神田亜美
Instagram：@ami_mexico/ @ten_ten_adventure

 3

1日に3,000人以上が
参加することもある人気ツアー

⚑Orendain⚑
オレンダイン蒸留所(P.103)

数少ないファミリー経営の蒸留所

1926年創業のオレンダイン蒸留所は、テキーラタウン
の中心地から車で5分ほどに位置する、広大で美しい
敷地内にある蒸留所です。数少ない歴史あるファミ
リー経営の蒸留所のひとつで、定番の「オレンダイン」シリーズをはじめ、5種類以上のテキー
ラブランドやテキーラリキュールをつくっています。そんなオレンダインの蒸留所ツアーは、
なんと1日に3,000人以上の観光客が参加することもある人気ツアーとなっています。

明るく開放的な
雰囲気の蒸留所

蒸留所見学だけでなく、カクテルも楽しめる

製造工程の解説を聞きながら蒸留所内を見学した後は、テイス
ティングルームでの試飲も楽しめます。ツアーの最後には、ぜひ
敷地内のカクテルバーに立ち寄り、ハリスコ州の名物カクテル「カ
ンタリート」をお試しください。ギフトショップもあるので、オリジ
ナルグッズをお土産に購入するのもおすすめです。

映画のセットのようにオシャレなテイスティングルーム

 ツアーのお申し込み
現地コーディネーター　神田亜美
Instagram：@ami_mexico/ @ten_ten_adventure

テキーラツアーに行こう!

テキーラタウンや蒸留所などの情報を見て、実際に「旅に出たい!」と思った方に向けて、現地でツアーのコーディネーターとして活躍されている神田亜美氏に、テキーラツアーに関するお役立ち情報を伺いました。

ベストシーズンの11月のシーン。アガベ畑での撮影は必須!

テキーラツアーにおすすめの時季
季節で1番のおすすめシーズンは、10月か11月!

テキーラの生産地域は、3月～5月はとにかく暑く、6月～9月は雨季、そして年末年始にはちょっとお休みモードになっていて、施設の工事や機材の修繕をしていることが多いです。そのため、10月か11月がベストシーズンです。

そして、行くときには「平日、朝から」がおすすめです。観光客向けのツアーは週末や夕方も行われていますが、多くの小さな蒸留所は月～土曜日のお昼過ぎまでのことも多く、注意が必要です。

Point!
訪問先へは、日本のお土産を用意しよう

訪問先には、感謝の気持ちを込めて、ぜひ何か日本のお土産をご用意しましょう。簡単なものでも喜んでいただけます。

1. 日本酒
テキーラ業界の人はお酒好きが多いですから、皆さん日本酒に興味津々。「SAKE」と聞いたことはあっても飲んだことがないという人も多いので、手軽なカップ酒でも喜ばれます!

2. 緑茶のティーバッグ
緑茶などの「甘くないお茶」というのが、メキシコでは新鮮。飲んだことのない人もいる一方で、流行に敏感な人たちには「おしゃれなもの」として大人気です。

買い物のアテンドやレストランの予約など、さまざまなシーンの相談ができる

生産者の方に、感謝の気持ちと手土産を渡そう

Kanda Ami
神田亜美

慶應大学と武蔵野美術大学卒業。2016年からハリスコ州のグアダラハラ在住。Ami Mexico名義でイラストレーター、グラフィックデザイナー、ライターとしてフリーランスで仕事をしつつ、グアダラハラ近郊をメインに日本人向けの通訳やガイド、コーディネーターとしても活動。日本語通訳付きのテキーラツアーをご希望の方に、ご旅行のプランからお手伝いします。
Instagram アカウント：@ami_mexico/ @ten_ten_adventure

テキーラブランドが経営するホテル

テキーラブランドのなかには、ホテルを経営するブランドもあります。
せっかくのテキーラの旅。宿泊して、テキーラの世界をたっぷりと堪能してみるのはいかがでしょうか。

Brand ／ クエルボ →P.104

Hotel Solar de Las Ánimas
ホテル・ソラル・デ・ラス・アニマス

2015年にオープンしたクエルボ社が経営する6つ
星ホテル。17〜18世紀の建築をモデルにつくられ
ています。ルーフトップバーにあるプールサイドか
らは、テキーラタウンが一望できるという粋なデ
ザイン。また、レストランでは、モダンメキシカン
からベジタリアン料理まで幅広く用意されています。

Hotel Solar de Las Ánimas
住　所：Ramón Corona 86 , Centro , 46400 Tequila , Jalisco ,
México

Brand / エル テキレーニョ → P.101

Casa Salles Hotel Boutique

カサ・サジェス・ホテル・ブティーク

2019年に「エル テキレーニョ」がオープンしたブティックホテル。テキーラタウンの中心地からも近く、プールサイドやスパでリラックスしたり、敷地内の人気レストラン"Mango"で、テキーラやメキシコ料理を堪能したりと、優雅な時間が過ごせるのが魅力です。宿泊者は事前予約すれば、併設する蒸留所見学ツアーも体験できます。

Casa Salles Hotel Boutique
住所：Calle la Villa , 3 Colonia la Villa , Tequila , Jalisco , México

MATICES HOTEL DE BARRICAS

マティセス・ホテル・デ・バリカス

テキーラの樽をモチーフにしたコフラディア蒸留所が経営するホテル。全室テキーラブランドの名前が付けられ、客室ごとに壁のイラストやインテリアが異なるユニークなコンセプトです。テキーラ博物館や陶器工場も併設され、蒸留所見学のほか、さまざまなオプショナルツアーが用意されています。

MATICES HOTEL DE BARRICAS
住所：La Cofradia 1297 , La Cofradia ,
46400 Tequila , Jalisco , México

― ミ ニ 知 識 ―

＼ ハリスコ州が発祥！／
人気のカクテル「カンタリート」を試してみよう！

テキーラタウンにある
カンタリートの屋台

テキーラを使ったカクテルといえば、マルガリータやパロマなどを思い浮かべる方も多いと思いますが、ハリスコ州発祥の「カンタリート」はご存じでしょうか？

「カンタリート（Cantarito）」とは、スペイン語で「土でできた素焼きの器」のことをいいます。この器に入れてカクテルを提供するため、「カンタリート」という名前になりました。

テキーラにグレープフルーツやオレンジ、ライムジュースなどを加えて、グレープフルーツソーダで割った、シンプルなレシピ。ポイントは、カクテルの中に塩を入れること。シトラス系の酸味と、テキーラ、そして塩のバランスが最高で、何杯でも飲めてしまう味です。

テキーラタウンの広場に並ぶカンタリートの屋台では、素焼きの器を持ち帰ることができます。好きなサイズとデザインを選んでから、お好みのテキーラブランドを指定して、カンタリートをつくってもらいましょう。

グアダラハラからテキーラタウンに行く途中のエルアレナル地区やアマティタン地区にも、カンタリート専門のバーがあります。タクシーで寄り道してみるのもおすすめです。

カクテル「カンタリート」

旅の
お役立ち
情報

1. 旅で注意すること
メキシコ観光で気になる5つの質問

実際に「旅に出たい!」と思った方に向けて、
現地でコーディネーターとして活躍されている神田亜美氏(P.61)に、
旅に関するお役立ち情報を伺いました。

Q1 「セントロ(ダウンタウン)」の
治安は大丈夫?

A グアダラハラのセントロは、夜は人がいなくなり
危険です。暗くなってからは出歩けません。た
だし、テキーラタウンやトラケパケなどの観光
客の多いところは、比較的安全です。ちなみに、
メキシコは屋外飲酒が禁止なので、ご注意を。

Q2 移動はタクシー?
配車アプリ?

A 海外旅行では、とても便利な配車アプリ。
しかし、メキシコの場合、街によって使え
たり使えなかったりするため注意が必要で
す。また、夜の移動や治安が心配な場合は、
近くても車での移動を心がけましょう!

Q3 チップの仕組みが
よくわからない……

A 日本にはないチップ制度に戸惑う方も多いはず。メキ
シコのチップの習慣は下記を参考にしてください。

【飲食店】
10%のチップを支払うのが原則義務です。これよりも少な
い額を置いたり、チップを払わないのは「サービスに問題
があった」という意味になりますのでご注意を!

【荷物のお手伝い】
ホテルでお部屋まで荷物を運んでくれた人には30ペソ程
度、タクシーで荷物をのせたり下ろしてもらったら20ペソ
程度が相場です。

=Point!=
「楽しんだら、気持ちよく
お金をあげる」のが、
メキシコ流!

メキシコでは、レストランや街で音
楽を演奏している人、何か芸を見
せてくれる人などにたびたび出会
います。彼らはそれを生活の糧に
しているのでチップをお忘れなく。

Q4 「水回り事情」が知りたい!

A メキシコのトイレは、古い配管の場合、紙を流すと詰まっ
てしまうため、トイレの個室内にあるゴミ箱を使用する
場合があります。

=Point!=
水道のマーク、「C=冷たい水」ではないことも!

蛇口やシャワーについた「C」マーク。「C」と「H」なら
英語のColdとHotですが、もし「C」と「F」なら、スペ
イン語のCaliente(熱い)とFrío(冷たい)です。どち
らの表記の可能性もあるので、しっかり見て判断を。

Q5 レストランの
営業時間が
日本と違う?

A 朝と昼をしっかり食べて、夜
ご飯は軽めに、これがメキシ
コ流です。朝食は正午頃まで。
昼食は14~16時くらいに食
べ始めるのがスタンダード。そ
して、夕食は20時以降に食
べ始めます。

2。メキシコで使える!
便利なスペイン語

メキシコでよく使う表現、その中でも簡単に言えそうなものを
選んでご紹介します。

発音のポイントは「英語っぽく言おうとせず、カタカナっぽく素直に読む」こと!
英語よりも日本語に近い発音でOKです。

マナー編

礼儀正しさは日本人にもメキシコ人にも大切なこ
と。メキシコでは子どもに「gracias（ありがとう)
と por favor（お願いします）が大事」と教えると
聞きます。

スペイン語	意味
グラシアス Gracias.	ありがとう
デ ナーダ De nada.	どういたしまして
ポルファボール Por favor.	お願いします
ペルドン Perdón.	ごめんなさい
シ Sí	はい
ノ No	いいえ

飲食編

メキシコの人たちは、出したものを皆さんが気に
入ってくれたかが気になっています。「美味しい!」「こ
れが気に入りました」など、一言でもスペイン語で
伝えることができれば、喜ばれること間違いなしで
す。

スペイン語	意味
ケブエノ / リコ ¡Qué bueno/rico!	おいしい!
サルー ¡Salud!	乾杯
オトロ デ エステ ポル ファボール Otro de este, por favor.	これのおかわり（飲み物)/ もう1杯ください
メ グスタ(ムーチョ)○○○ Me gusta (mucho) ○○○.	○○○が気に入りました （とても）
クアント クエスタ? ¿Cuánto cuesta?	いくらですか?
ラ クエンタ ポル ファボール La cuenta, por favor.	お会計をお願いします

あいさつ編

メキシコ人にとって、あいさつはとても大切。きちん
とあいさつをしたかどうかで、お店の人の対応も変
わりますし、初対面の人、道端で出会った人とも気
持ちの良いコミュニケーションができます。

スペイン語	意味
オラ! ¡Hola!	どうも
コモ エスタ? ¿Cómo está?	元気ですか?
ムイ ビエン Muy bien.	元気です
ブエノス ディアス Buenos días.	おはようございます
ブエナス タルデス Buenas tardes.	こんにちは
ブエナス ノーチェス Buenas noches.	こんばんは / おやすみなさい
ムチョ グスト Mucho gusto.	初めまして お会いできてうれしいです
アスタ ルエゴ Hasta luego.	さようなら
ノス ベモス Nos vemos.	また会いましょう
コモ セ ジャマ ¿Cómo se llama?	お名前は何ですか?
メ ジャモ ○○ Me llamo ○○.	私の名前は○○です

覚えると便利! スペイン語の数字

1 ウノ uno	2 ドス dos	3 トレス tres	4 クアトロ cuatro	5 シンコ cinco
6 セイス seis	7 シエテ siete	8 オチョ ocho	9 ヌエベ nueve	10 ディエス diez

旅の
お役立ち
情報

3. ガイドブックに載っていない!
あると便利な持ち物

テキーラツアーに出かける際には、一般的な旅行ガイドブックに掲載されていない
「便利な持ち物」があります。以下のチェックリストを活用して、
現地で快適な旅をお楽しみください。

✓ CHECK LIST

☐ 現金（米ドルを持参して、メキシコでペソに両替しましょう）

☐ ウェットティッシュ、ポケットティッシュ（レストランや公共施設にありません）

☐ 歯ブラシ、歯磨き粉、スリッパ、寝巻き（ホテルにない場合もあります）

☐ スニーカーやブーツ、ビーチサンダルなど、歩きやすく汚れてもOKな靴

☐ 帽子やサングラス、日焼け止め（メキシコの日差しは強いので日焼け対策をお忘れなく）

☐ お味噌汁やおかゆなどのレトルト食品（食事が合わない場合などにあると便利!）

☐ 虫よけ、虫さされの薬、常備薬、絆創膏、消毒液、体温計

☐ 折りたたみ傘、雨具（天候が変わりやすい時季もあるのでご注意ください）

☐ 洗濯用洗剤、消臭スプレー、ランドリーハンガー
（荷物を減らしたい方は洋服は室内で洗濯を。乾燥しているので比較的早く乾きます）

☐ 携帯用充電器
（写真をたくさん撮るため、旅の途中で充電がなくなる可能性もあり。プラグは日本と同じでOK）

＼ テキーラを購入する方にはマスト! ／

☐ 梱包材、ガムテープ、カッターやハサミ、油性サインペン、
サランラップ、ジップロック、ビニール袋
（ボトルにサインをいただける可能性もあり。サイン入りボトルは、ラップでくるんで持ち帰りましょう）

☐ スマートフォン用ストラップ
（蒸留所や畑で写真を撮るので、両手があいているほうが試飲もしやすくて便利です）

☐ 荷物はかり
（お酒をいっぱい買ったら、航空会社によっての重量制限に合わせて事前に重さをチェック）

元AKB48 入山杏奈（いりやまあんな）さんに質問

メキシコの魅力とは？

メキシコ在住経験のある入山杏奈さんに、
メキシコの魅力についてお伺いしました。

メキシコは、真の自分に出会わせてくれた場所

　私がメキシコを好きな理由は、人、食、そしてどの街を訪れても、メキシコが違う表情をみせてくれるからです。

　出会いのきっかけは、AKB48に所属していた時に「メキシコのテレビドラマ出演のため1年メキシコ留学」という企画に選ばれたことです。スペイン語が全く話せなかった私を、ドラマの出演者やスタッフの皆が放っておくことなく、仲間として温かく迎え入れてくれたことで、すぐにメキシコが好きになりました。

　また、ずっと真面目だった私にとって、職場で突然音楽に合わせて踊り出したり、金曜日はパーティーのために15時に退勤したり、そんな自由な国民性がとても魅力的に感じま

した。ドラマ撮影時の昼休憩のときに、たまたま同じレストランで食事をしていたプロデューサー陣が俳優たちのテーブルにテキーラを送ってきた衝撃は今でも忘れられません。

クールビューティーなキャラから、明るく生き生きとした自分に！

　千葉県に生まれ、ごくごく普通の家庭で、ごくごく普通の子どもとして育ちました。14歳の頃、吹奏楽部の先輩にAKB48のオーディションに誘われたことがきっかけで芸能界入りしました。18歳で主演ドラマ・映画を経験し、その時から女優を目指し始めました。

　AKB48では「クールビューティー」というキャラクターだったので（笑）、当時はずっとおとなしくしていましたが、メキシコに行ってからの私は水を得た魚のように明るく生き生きとしています！

　今後も今までと変わらず、日本とメキシコの架け橋になれるようにメキシコの魅力を発信し続けたいと思っています。野望としては、いつか自分のテキーラを出してみたいですね！

入山杏奈
Anna Iriyama

元AKB48メンバー。2018年4月からメキシコのテレビドラマ「L.I.K.E」に日本人キャストとして出演するためメキシコ移住。現在は一時的に帰国中。日本とメキシコを拠点に活動している。

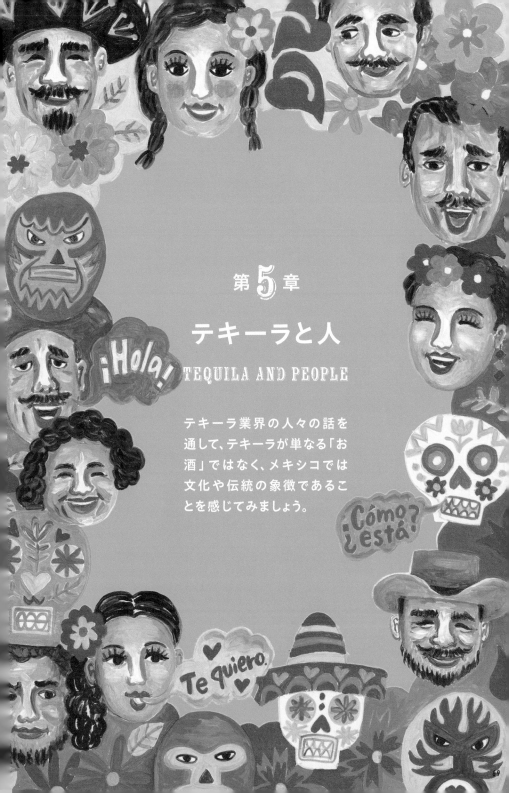

第5章

テキーラと人

TEQUILA AND PEOPLE

テキーラ業界の人々の話を
通して、テキーラが単なる「お
酒」ではなく、メキシコでは
文化や伝統の象徴であるこ
とを感じてみましょう。

テキーラに対する情熱が聞きたい！

テキーラは「飲む楽しみ」だけでなく、製造やプロモーションに
関わる人たちの持つ魅力的なストーリーを「知る楽しみ」もあります。
この業界を支える人たちに、テキーラに対するアツい想いを伺ってみました。

INTERVIE

著者とテキーラ生産者との出会い

インタビューを中心とした「テキーラと人」がテーマの本章。
実は、著者にとってテキーラ選びの「一番大事なポイント」が込められています。

生産者とのつながりをつくるきっかけをくれたギ
ジェルモ氏（写真左）とトーマス氏（写真右）

尊敬するテキーラ業界の人との
はじめての出会い

　2021年の4月、テキーラ業界で尊敬する、世界に2人しかいないCNIT公認のテキーラアンバサダーであり、「オチョ」の初代ブランドオーナーのトーマス・エステス氏が、家族に見守られながら亡くなったという悲しいニュースが入りました。

　最初の出会いは、2013年に彼が初来日した時でした。2010年からテキーラに携わる仕事をしながらも、それまで生産者との交流がなく、はじめてテキーラづくりをしている人に出会ったのが、トーマス氏でした。

　その年メキシコで再会したのが、テキーラタウンにあるLa Capillaでした。友人を連れてくると言って一緒に登場したのが、なんと「フォルタレサ」のオーナー、ギジェルモ氏。愛犬を連れて颯爽と現れた姿は、今でも目に焼き付いています。

アレッテの親子からは、家族とテキーラへの愛情を学んだ

音楽とテキーラを楽しむ
忘れられない思い出

　トーマス氏とは、翌年にまたメキシコでお会いする機会があり、クラブに行って夜中まで踊って飲んで盛り上がり、夢のように楽しい時間を過ごしたのを鮮明に覚えています。テキーラのブランドオーナーが集まり、テキーラについて熱く語る姿と、テキーラを飲む時間を共有するみんなの笑顔、エネルギッシュに音楽とテキーラを楽しむ様子、どれもが印象的な一日でした。

　その後、毎年メキシコに通うようになり、人から人へご縁をつないでいただき、今ではたくさんの生産者の方々との交流があります。

サウザは「ハンドクラフトで
はなくマインドクラフト」だと
語るフェルナンド氏

「テキーラはメキシコの文化遺産である」
と教えてくれたソニア氏（写真中央）

一番大事な
テキーラ選びのポイントとは

　テキーラは「顔が見える商品」であり、人の想いが込められたお酒でもあります。パッケージやボトルデザイン、味ももちろん大切ですが、私にとって「誰がどんな想いでつくっているか」というのが、一番大事なテキーラ選びのポイント。だからこそ「テキーラと人」というテーマを、本書につくりました。これからも、生産者の想いを伝えていく役割を担いたいです。

フォルタレサ 蒸留所オーナー

Guillermo Erickson Sauza

ギジェルモ・エリクソン・サウサ

→P.112

テキーラとは、
家族の歴史と伝統、
祖父から受け継いだ情熱

🔰 高祖父は「テキーラの父」
テキーラづくりの
🔰 名家に生まれる

　私はサウサ家の5代目として生まれました。高祖父にあたるドン・セノビオ・サウサが1873年にテキーラをつくり始めたことから、一族のテキーラ事業がスタートします。セノビオは、メキシコの地酒だったアガベアスルの蒸留酒のラベルにはじめて「テキーラ」と記したり、テキーラを「テキーラ」としてはじめて輸出したりするなど業界に貢献し、「テキーラの父」と呼ばれています。

🔰 テキーラへの
情熱が忘れられず
🔰 再びテキーラ業界へ

　しかし、1976年に事業を他企業に売却し、サウサ家はテキーラづくりをやめてしまいます。幼い頃に、3代目となる大好きな祖父が病気で事業を続けられなくなり、蒸留所や所有していた土地をほとんど手放してしまう様子を目の当たりにしたのは、とても悲しい出来事でした。その後、ファミリー経営で続けてきたテキーラビジネスに対する未練を抱きつつも、いったん米国で全く別

の仕事につきました。

しかし、テキーラ業界から離れても、時間が経つにつれて「テキーラをつくりたい」という想いが日に日に大きくなり、どうしても祖父たちへの想いやテキーラへの情熱が忘れられず、メキシコに戻り1999年にもう一度テキーラ業界の道へ進みます。

ブランド名に込めた 不屈の精神と祖先への敬意

フォルタレサの一番のこだわりは、商業的に大量生産するブランドも多いなか、妥協せずに自分の納得できるテキーラだけをつくっていることです。幸いにも、祖父が残してくれた土地と、ミュージアムとして保存されていた小さな蒸留所がありました。フォルタレサは、そこから新しいスタートを切り、2005年についにテキーラづくりが再開しました。

海外向けの商品は、この時の経験から「不屈の精神」という意味のスペイン語「フォルタレサ」というブランド名ですが、メキシコでは、偉大な祖父たちへの敬意を込めて「ロス アブエロス（おじいさんたち）」という名前をつけています。

伝統的な製法を 守りながらこだわりの テキーラを世界に

蒸留所の再建は大変な労力で時間もかかったため、本当にやるのかと疑っていた人たちも当時はいました。しかし、今ではフォルタレサは世界的に認められるようになりました。毎週のように投資や買収の話を持ちかけてくるくらいです！

実は、ハリウッド俳優がブランドを買いたいと蒸留所を訪問してきたこともありますが、私は誰にも自分のブランドを売らずに、祖父の時代の伝統的な製法を守りながらつくり続けています。

Q なぜ蒸留所内に犬がたくさん？

A ストリートドッグを引き取り、蒸留所の敷地内で育てています。歴代の愛犬であるラブラドールの絵をボトルラベルに描いているシリーズもあります。家でもテキーラづくりの現場でも、いつも相棒となる3代目のラブラドール「モリー」と一緒に過ごしています。

Q 休日の過ごし方は？

A ハーレーダビッドソンが好きで、時間ができればバイク旅を楽しんでいます。フォルタレサでツーリングチームのオリジナルグッズをつくるくらいはまっています。

フォルタレサ 蒸留所オーナー
ギジェルモ・エリクソン・サウサ
Guillermo Erickson Sauza

サウサ家の5代目に生まれる。1981年サンディエゴ州立大学を卒業後、米国のソフトウェア業界で勤務。一族が所有していた蒸留所で、2005年にフォルタレサの販売を開始。現在は6代目となる息子ビリーもセールス&マネージャーとして経営に携わっている。

エル テキレーニョ　マスターディスティラー

Jorge Antonio Salles Herrera

ホルヘ・アントニオ・サジェス・エレーラ

→ P.101

テキーラとは、
単なる蒸留酒ではなく、
メキシコの文化です

生まれた時から、
テキーラは私の生活の中に

生まれた時から、テキーラは私の生活の中にありました。よく父と一緒に蒸留所に来て、この素晴らしい飲み物の製造工程を学んだものです。私は子どもだったのでテキーラを飲みませんでしたが、その製造工程や、アガベがテキーラになるまでのあらゆる細部に目を見張ったものです。

ものがどのように
つくられるかを
見るのが好き

テキーラ業界で働く前は、電子部品業界で働いていました。家業に携わる前に、他の場所で社会人としての生活を学び、テキーラ以上に私を惹きつけるものや、まだ私が知らないものがないか、確かめたかったのです。もしテキーラビジネスに携わっていなかったとして、他の業界で働いていたとしても、きっと私は製造の分野で仕事をしていただろうと思います。ものがどのようにつくられるかを見るのが好きなのです。

テキーラは芸術。
祖父の描いた夢に
情熱を注ぐ

私は自分が継承したこのブランドをとても大

切に思っています。「エル テキレーニョ」は、祖父が描き育てた夢であり、父が生涯愛した仕事であり、私が芸術として捉え、全身全霊を込めてつくっているアートなのです。

私はテキーラづくりが大好きですが、それだけではなく、強い尊敬の気持ちを持って仕事をしています。「エル テキレーニョ」を飲む時、私は、ただ何も考えず飲むのではなく、自分が口に含んでいるものは、何年も何年も積み重ねられてきた、テキーラづくりの知識や努力の集大成なのだと想いを馳せます。

祖父の始めたテキーラづくりですが、私の家族だけではなく、何千人もの、たくさんの仲間たちが、最高のプロダクトをつくろうと、努力を惜しまずに誇りを持って仕事をしてきたのです。1本1本のボトルが、彼らの偉大な功労によってつくられた、最高の、彼らが誇りに思うべきテキーラです。

メキシコの誇り。
最高のテキーラと、
勤勉な人々

テキーラは原料であるアガベアスルの成長に長い年月がかかり、時間をかけてつくられる素晴らしい飲み物です。蒸留してそのままのブランコも楽しめますし、さまざまな種類の木樽を使って、新しい風味を与え、より好みに合った味を模索することもできます。そんな味の幅広さ、バリエーションの豊かさも、テキーラの魅力として近年ますます認知されてきていますから、今後もテキーラ産業はますます発展を続けていくでしょう。

テキーラ以外にも、メキシコには豊かな自然資源と、数多くの訪れるべき美しい場所がありますから、どんな観光客でもこの素晴らしい国に魅了されてしまうと思います。しかし、メキシコが最も誇るべきものは、人でしょう。メキシコにはテキーニョ（テキーラをつくる人）のように、自分たちの伝統と仕事に誇りを持ち、勤勉に働く人々がたくさんいるのです。

Q テキーラのおすすめの飲み方は？

A テキーラに正しい楽しみ方はありません。テキーラ単体で飲んでもいいし、カクテルに入れてもいいです。あとは、飲み過ぎず、楽しく飲めるところまで、ということだけです。

Q 休日の過ごし方は？

A 旅行が好きで、できるだけ多くの時間を家族と一緒に楽しく過ごします。家族は、私の人生で最も大切なものです。

エル テキレーニョ マスターディスティラー
ホルヘ・アントニオ・サジェス・エレーラ
Jorge Antonio Salles Herrera

エル テキレーニョの3代目マスターディスティラー。テキーラの生産はもちろん、2020年に蒸留所の隣にホテル「Casa Salles」をオープンするなど多方面で活躍する。

→ P.104

テキーラとは、神様から人間への贈り物です

メキシコの歴史や文化、全てにテキーラの存在がある

　私がテキーラに恋をしたのは、テキーラが単なる飲み物ではなく、メキシコの歴史であり、文化であり、伝統であり、メキシコから世界への遺産である、ということを知ることができたからです。25年以上前にホセ クエルボ社で広報として働き始めましたが、メディアや流通各社への対応をする中で、もっとテキーラについて学びを深めなければいけないと気づきました。そこで、テキーラの製造に関わる全ての人たちから学ぶことにしたのです。そうすることでテキーラの舞台裏にある、全ての部門、全てのプロセス、そして全ての労働について知ることができました。

　テキーラは、私たちの先祖、メキシコ先住民から伝わる蒸留酒であり、古くは「神様から人間への贈り物」と考えられていました。メキシコ革命よりもずっと以前から、メキシコがスペインから独立するよりも前から、さらにはメキシコが「メキシコ」と呼ばれるようになるよりも、さらに以前から存在していたテキーラという飲み物は、メキシコを代表する存在であり、メキシコの歴史や

伝統の大切な一部です。メキシコの食文化や音楽、映画にも常にテキーラの存在があるのです。

他の仕事をしていても、きっとテキーラに関わっていた

私は、コミュニケーション科学と技術を学び、マーケティングの修士号を取得後、ハリスコ州グアダラハラのラジオ局でラジオアナウンサーとして働いていました。その後、テキーラ業界、つまり、昔から圧倒的に男性の優位な業界に入ったのですが……、「女性でもこの世界で活躍できるはず」と心を決めていました。

現在私は、メキシコ・テキーラ・アカデミーの創設メンバー、全国テキーラ産業会議所 (CNIT) のテキーラ専門家であり、グアダラハラ自治大学およびテキーラ規制委員会のテキーラテクニカルマスターに認定されています。もしテキーラ業界で働いていなかったら、どんな仕事に就いていたのか……、やはりラジオ放送のキャスターになっていたと思います、と言っても、テキーラの話題専門のですが。

メキシコという国、文化、芸術、民俗民話を伝える

ホセ クエルボは、歴史的にも大変魅力的なメキシコ企業です。初代クエルボから現在に至るまで11世代にわたって続いているブランドです。テキーラを販売するだけでなく、メキシコがどんな国であるか、メキシコの文化、芸術、民俗、の芸術、そして民話を世界へ伝え続けてきました。今後も製造プロセスや品質基準において常に最先端を行き、そして何よりも、従業員やお客様、関係する全ての人々に対して献身的で、環境や地域社会への配慮を欠くことのない、社会的責任ある企業であり続けたいと思います。

Q 休日の過ごし方は?

A 旅行に行って、旅先でもテキーラについて伝えるのが大好きです。あとはメキシコと世界の歴史を学ぶために歴史小説を読んだり、映画を見たり、テキーラやその他のお酒を飲むのも楽しみです。

Q テキーラ業界の将来は?

A テキーラ産業は成長し続け、クオリティーもより高いものになっていくでしょう。プレミアムなテキーラがよく飲まれるようになり、原料が自然の植物であること、一部の地域のみでつくられること、メキシコに保護されている特別なお酒であることなどへの理解もより深まっていくと思います。

ベックマン財団　運営ディレクター /
テキーラマスター

ソニア・エスピノラ・デ・ラ・ジャベ
Sonia Espínola de la Llave

メキシコ自治大学テクニックコース テキーラ科修了、コミュニケーション科学・技術学士、マーケティング修士、IPADE 上級管理職。全国テキーラ産業会議所からテキーラの目利きとして認定された初の女性。

アレッテ　社長兼マスターディスティラー

Eduardo Orendain Giovaninni

エドゥアルド・オレンダイン・ジョバニーニ

→ P.102

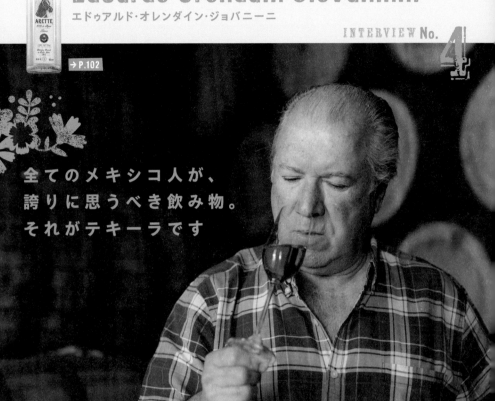

全てのメキシコ人が、
誇りに思うべき飲み物。
それがテキーラです

生まれた時から、
テキーラと共に生きる

　私とテキーラとの出会いは、生まれた時からです。物心ついた時には、祖父と父が私に、テキーラ製造者の家系に生まれたことへの喜びや、この産業への愛と尊敬の気持ちを育んでくれていました。

　幼少期から青年期、そして大人になってからも、忘れられない思い出がたくさんあります。子どもの頃に誕生日をアガベ畑で祝ってもらえたこと、

畑を駆け回るのがとても楽しかったこと、はじめてテキーラで酔った日のことなど、とにかく楽しい思い出ばかりです。

テキーラ業界以外の
仕事は、全く考えていない

　私の場合、蒸留所ではすぐに働かせてもらえなかったので、まずはアガベ畑を知ることからスタートして、土地の個性やアガベの栽培、処理に必要な技術や知識を身につけました。

　その後、テキーラの製造から瓶詰め、そして最

終的にはマーケティング、国内外への販売へと進み、現在は「アレッテ」の社長兼マスターディスティラーに就いています。

テキーラが心から大好きで、情熱を持ってこの仕事に携わっています。テキーラ業界以外のビジネスに就くことは、もはや全く考えていません。

テキーラは、生まれながらの「メキシコ・アンバサダー」

私にとってテキーラとは「メキシコ」を意味しています。つまり、テキーラはメキシコの代名詞であり、生まれながらの「メキシコ・アンバサダー」であり、世界中のどこにいても、テキーラについて聞いたり飲んだりすると、メキシコを思い出します。

テキーラは現在、世界的に認知され、世界の偉大な蒸留酒と競い合い、舌が肥えた方々を虜にしています。さらに、アガベ農家から大手の流通業者まで、多くの雇用を生み出す産業であり、原産地呼称を持つ州であるハリスコ州の地位を上げる役割も担ってきました。そうした産業を持つことを、全てのメキシコ人は誇りに思うべきだと感じています。

卓越した品質のテキーラを提供して、メキシコに貢献したい

私が祖父や父から学んだこと、つまり、ブランドを独自性のあるものにするための努力は「アレッテ」のなかに反映されています。私が消費者の方々にできることは「アレッテ」のボトル1本1本に、私たちがブランドに注ぐ熱意や愛情を感じ取ってもらえるよう、ユニークで際立った特別な味わいのテキーラを提供することです。

そうした卓越した品質のテキーラを提供することで、メキシコの名を世界中に高く掲げる貢献がしたいと思っています。

Q テキーラのおすすめの飲み方は？

A 各クラスを、ストレートで少しずつ飲むことをおすすめします。また、テキーラは、食事と一緒に飲むとよりおいしくなります。食前酒としてブランコやレポサドのストレート、食後にアニェホをバルーングラスで飲むこともおすすめです。

Q 休日の過ごし方は？

A アガベ畑を散歩したり、収穫を見ながらおいしいトウモロコシを食べたり、とにかく農園を見るのが好きです。私の人生には、常にこの環境と、アガベ、そして蒸留酒が結びついています。私はこの人生に幸せを感じていますし、この土地への愛と尊敬は世代を超えて受け継がれてきました。祖父は父に、父は私に、そして私は子どもたちに、これからも受け継いでいくでしょう。

アレッテ　社長兼マスターディスティラー
エドゥアルド・オレンダイン・ジョバニーニ
Eduardo Orendain Giovaninni

ハリスコ州グアダラハラ市生まれ。メキシコでテキーラ会社を経営する最大の一族であるオレンダイン家の3代目の長男。米国ミズーリ州のケンパー・ミリタリー・スクールで学び、投資銀行業務や国際貿易に関するコースやセミナーに参加。CNITの会長を務めた（2003-2004年、2012-2015年）。

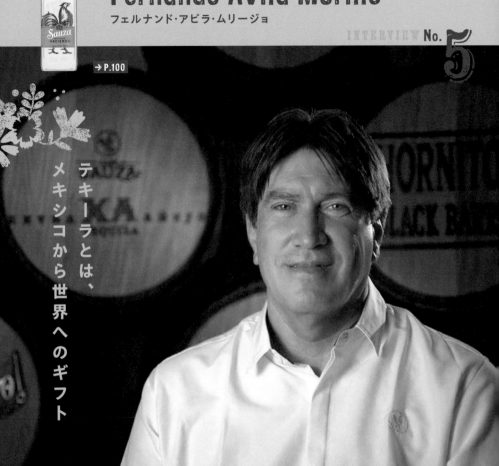

サウザ　製造開発ディレクター兼チーフブレンダー

Fernando Avila Murillo

フェルナンド・アビラ・ムリージョ

INTERVIEW No.5

→ P.100

テキーラとは、メキシコから世界へのギフト

今でも覚えている
はじめてのテキーラの味

　私のテキーラとの出会いは、若かりしある日のことです。友人とのお祝い事の席ではじめて飲んだブランコの味を、今でも覚えています。それからというもの、ブランコはもちろん、レポサドやアニェホなど全てのクラスのテキーラを楽しむようになりました。

数学の研究員から
テキーラ業界への転職

　サウザ社に入社する以前は、数学の研究センターで研究員をしていました。研究所ではコンサルタントとして、アガベに関係するテキーラ業界のプロジェクトに参加し、2008年に品質保証部門のマネージャーとしてサウザ社に入社しました。もしテキーラのプロジェクトに出会っていなけれ

80

ば、私は今でも数学の研究者やコンサルタントの仕事をしていたかもしれませんね。

テキーラ業界の
リーディング
カンパニーとして

サウザ社は、1873年にドン・セノビオ・サウサにより創設されました。ハリスコ州テキーラ地区にあるこの場所でテキーラをつくり続けて、2023年で150年になります。

創業当初から、サウザはグローバルな視点を持つパイオニア企業でした。実はラベルにはじめて「テキーラ」と記載したのもサウザ。当時は、原材料であるアガベが、一般的に「メスカル」と呼ばれていたことから、これを原料とした蒸留酒はメスカルワインなどと呼ばれていました。そんななか、「テキーラ」という呼び名を最初に使ったのが、ドン・セノビオ・サウサだったのです。はじめてメキシコの国外へテキーラを輸出したのもこの創業者でした。

しかし、革新的だったのは創業者だけではありません。実は、現在のテキーラ製造においては欠かせない、原材料を窯で加熱するというプロセスは、1950年に、3代目のドン・フランシスコ・サウサが、テキーラ業界においてはじめて行ったものです。サウザは常に革新的な技術と他を寄せ付けない品質の高さをもって、テキーラ業界を牽引してきました。

テキーラは
メキシコの
アイデンティティ

テキーラの本質は、原材料のアガベアスルにあります。「メキシコ発祥の植物を原材料にする」ということも、数ある蒸留酒の中で、テキーラをとてもユニークな存在にしているといえるでしょう。メキシコを象徴するお酒であるテキーラは、この国にとって大切なアイデンティティーの一部であり、

国の文化や価値を伝える存在です。テキーラは、メキシコが世界へ贈るギフトなのです。

日本でもこの、おいしくて奥深く素晴らしい蒸留酒であるテキーラが、より多くの方に楽しんでいただけるようになることが、私の願いです。

Q テキーラの おすすめの 飲み方は？

A 普段はストレートで飲むことが多いですが、時にはマルガリータやパロマを楽しむこともあります。

Q テキーラ 業界の今後を 予想すると？

A テキーラは、消費量や消費者の多様性において、右肩上がりです。明るい未来を予想することができます。また、今後は缶チューハイのように、手軽に飲むことのできるテキーラを使った低アルコール飲料など、今までと違ったテキーラの需要も増えていくのではないでしょうか。

サウザ　製造開発ディレクター兼チーフブレンダー

フェルナンド・アビラ・ムリージョ
Fernando Avila Murillo

1955年生まれ。アリゾナ大学応用数学の博士課程修了。メキシコおよびアメリカの複数の大学や研究所で研究者として勤め、テキーラ産業の多くのプロジェクトを主導。2008年よりサウザ社で働く。

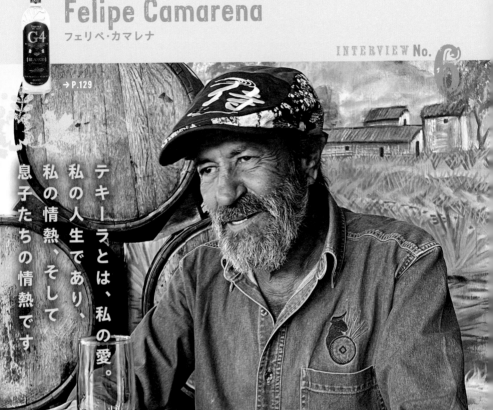

G4　ブランドオーナー兼マスターディスティラー

Felipe Camarena
フェリペ・カマレナ

→ P.129

テキーラとは、私の愛。私の人生であり、私の情熱、そして息子たちの情熱です

私の体内には
テキーラが流れている

　私は、アガベとテキーラの生産に従事する一家の3代目として生まれました。私はよく「お金はなかったとしても、代わりにテキーラがある。体には血の代わりにテキーラが流れている」、なんて言うのですが、生まれた時からずっとアガベとテキーラのある環境で育ちました。

曽祖父から代々
受け継ぐ土地で
テキーラをつくる

　「3代目」と言いましたが、実は、初代である祖父のドン・フェリペ・カマレナが1937年にラ・アルテーニャ蒸留所を設立する前の1910年に、曽祖父が蒸留所をつくっていました。

　しかし、同年にメキシコで起きた革命の戦火で、曽祖父の蒸留所は稼働前に全て焼き払われてしまったのです。そして、残った土地は、曽祖父から祖父へ、祖父から父へ、父から私へと受け継がれ、今私と息子たちはここにエル・パンティージョ蒸留所を設立し、テキーラをつくっています。

つくりたいものの
アイデアが
次々にあふれてくる

若い頃は家業を継ぐことを念頭に、工学と化学の勉強をしました。しかし、3年ほど勉強した後に、ここでは本当に自分の学びたいことの全ては得られないと感じて、アランダスに戻り、土木工学のエンジニアとしてさまざまなものを建設しました。人から頼まれた仕事ではありません。自分のためにつくりたいものがたくさんあって、他の仕事をする時間なんてなかったのです。

そうするうちに、父から、家業のために仕事をするようにと言われ、それから20年以上、父の蒸留所で働きました。

伝統的な製法を守りながら革新的な搾汁機フランケンシュタインを開発

その後、私は2人の息子たちと一緒に、自分たちの蒸留所をつくることを決めました。祖父や父とは違うテキーラをつくるために家族の蒸留所を去ったのではなく、むしろ、彼らのつくってきたテキーラにより近いテキーラをつくりたいからこその決断でした。

実際、私たちの蒸留所では、祖父が使っていたような石の窯でアガベアスルを蒸し焼きしていますし、伝統的な搾汁方法のタオナを採用しています。ただ、入り口の外に飾っているような石のタオナではなくて、金属製の円柱型をした、私が改良を加えたタオナです。私がいろいろな機械の部品を組み合わせてつくったことから「フランケンシュタイン」と呼ぶ人もいます。ローラーミルのようにアガベの繊維を破壊することはなく、かつ非常に高い搾汁効率で無駄なくアガベの糖を取り出すことができるのです。

私たちのテキーラ「G4」のGは、「Generation（ジェネレーション、世代）」のGです。私の息子たちがこの家業の4代目に当たることが名前の由来。家族の歴史への誇りと敬意を表しています。

Q テキーラのおすすめの飲み方は？

A ぜひ、素敵な相手や仲間と一緒に飲んでください。友達と一緒なら、人生なんでも楽しいでしょう。それと同じで、仲のいい人たちとならテキーラもより楽しむことができます。

Q 休日の過ごし方は？

A 蒸留所にいるのが好きです。家にいることがほとんどないくらい、いつもここにいます。でも最近、息子たちとラスベガスやモンテレイなどに行きました。どこに行くにも、1番の相棒は息子たちです。息子たちと日本にも行きたいですね。

G4　ブランドオーナー兼マスターディスティラー
フェリペ・カマレナ
Felipe Camarena

テキーラ業界の名家カマレナ家の3代目として生まれる。ハリスコ州グアダラハラで化学と工学を学んだ後、土木技術者に。その後、家族の蒸留所で20年以上働き、2011年に完成した蒸留所で、現在は息子と共に、G4をはじめ複数ブランドのテキーラを製造している。

Sophie Anne Céline Decobecq

ソフィー・アンヌ・セリーヌ・デコベク

23

→ P.117

一杯のグラスに凝縮した、アガベからのグッドバイブス。それがテキーラです

テキーラと恋に落ちて

テキーラとの出会いは学生の頃、パーティーで「テキーラパフ」を飲んだのが最初でした。シュウェップスにテキーラを入れてグラスの底をドンドンドンと3回テーブルに叩きつけて、泡が立ったところを一気に飲む、という飲み物で、その当時テキーラはパーティー用の強いお酒というイメージでした。それが変わったのは、シカゴのとあるバーでのことです。「エル テソロ デ ドン フェリペ」

のブランコを飲ませてもらい、一瞬で恋に落ちたのです。一口飲んで「わー、これは何?」という感じで、その瞬間の店内の景色は今でも脳裏に焼き付いています。誰かに恋をした時のような感覚でした。

外国人の女性が、なぜテキーラを?

フランスに生まれ育った外国人で、しかも女性。テキーラブランドのオーナーとしては珍しい属性なので「なぜテキーラを?」と思われるかもしれま

せん。なぜメキシコで育ったわけでもない私が、自分のブランドを立ち上げるほどテキーラに夢中になったか……、実は私はもともと、生物学者だったのです。

11歳の頃から、海の中の全ての生き物、つまり海藻や魚、目に見えない微生物などにとても興味がありました。大学で海洋生物学を専攻し、さらに研究に必要と感じた工学も学び学位を取得した後、海洋学ではフランスで一番有名な研究所で研修生として働き始めました。そこで私は、実験で犯したミスをきっかけに、研究の方向性を変えるほどの大発見をしたことで、研究員として研究所に残るチャンスを得ることができました。しかし、その時の私は、その研究は私の人生を捧げるべきものではない、と感じ、なんと研究所を去ることを決めたのです。

その後、私は何かに導かれるようにメキシコの研究所で働くことになります。企業やプロジェクトの要請に応じて酵母と乳酸菌の研究する仕事だったのですが、私はここで、常々興味があった発酵のプロセスにさらに夢中になったのです。発酵というのは生命の営みです。もととなる材料が、微生物の命の働きによって別のものに姿を変え、新たな命を得るのですから。そして、その仕事をきっかけに、私はメキシコでテキーラと再会し、人生を捧げることになったのです。

アガベ自身が表現したがっていること

「カジェ 23」が目指すのは、このテキーラを手に取った方が、その香りを嗅いだり、味わいを感じることで、アガベ自身が表現したがっていることをそのまま受け取れるようになることです。そのためには、畑で十分に成熟したアガベのみを選び取るところから、ボトルに充填するプロセスまで、全てのプロセス、ひとつひとつにおいて、細心の注意を払いながら最善の努力をしています。

Q 休日の過ごし方は？

A 一番の趣味は、人々と一緒に時間を過ごすことです。これがなければ人生ではない、というくらいに大切なことで、私を幸せにしてくれることでもあります。

Q 読者へメッセージをどうぞ！

A お気に入りのテキーラを手に取って、グラスに注ぎ、目を閉じてください。アガベ畑にいることを想像して……収穫の音に耳を澄ませ、アガベを手に取り、この想像の旅を楽しんでください。サルー（乾杯）！

カジェ 23　ブランドオーナー兼マスターディスティラー

ソフィー・アンヌ・セリーヌ・デコベク
Sophie Anne Céline Decobecq

フランス生まれのメキシコ人、Frexicana（French と Mexicana を合わせた造語）。2 人の人間の子どもと、5 人のテキーラの子ども（カジェ 23 のラインナップ 5 種類）を持つ母。アガベとテキーラの愛好家。

オチョ　グローバルブランドアンバサダー

Jesse Estes
ジェシー・エステス

→ P.122

テキーラとは、ボトルの中に詰まったメキシコ

1口飲めば
メキシコの記憶が蘇る

　私の個人的な意見ですが、テキーラは世界で最もユニークで特別な蒸留酒だと思います。これほど味わいの奥深さや幅広さを持つお酒をほかに知りませんし、テキーラは、私たちを特別な気持ちにさせてくれます。それも、他のお酒にはないことです。

　テキーラを飲める年齢になった頃、父がEUで「テキーラ大使」を務めていたので、私は若い頃から良質なテキーラに触れることができました。しかし、その後はじめてハリスコ州を訪ね、蒸留所でテキーラを五感で堪能した経験は、私のテキーラへの気持ちをさらに強いものにしました。今もテキーラを飲むたびに、世界中のどこにいても、蒸留所での原体験が蘇ります。テキーラはボトルの中の「メキシコ」なのです。メキシコという国のアイデンティティー、人々、文化、それに

メキシコの誇りが詰まっています。

当時の流行とは 正反対の味を目指した

「オチョ」は、私の父トーマス・エステスが蒸留責任者のカルロス・カマレナと一緒につくったブランドです。カルロスは、テキーラの蒸留とアガベの栽培を先祖代々行ってきた由緒ある家族の5代目です。私の父はカルロスと仲良くなり、ついにはカルロスから、一緒に新しいテキーラをつくらないかと言われたのです。

2人が目指したのは、最大限にアガベアスルを凝縮したテキーラ。アガベアスルを非常に特別なものだと捉えていた彼らは、それが自分たちのテキーラの味のど真ん中に主役としてあるべきだと考えました。

テキーラを開発し始めたのは、今から20年近く前のこと。当時は蒸留酒といえばウォッカで、テキーラも「ウォッカのように、できるだけニュートラルな味を目指す」、というのが主流でした。

そんななか、風味豊かで複雑な味を目指すオチョは、それとは真逆の方向を向いていました。目指す味を実現するために、糖度も酸性度も高い、よく熟成したアガベアスルのみを使用し、またアガベアスルの味わいを最大限に輝かせることのできる昔ながらの製法を採用することにしました。

世界初の試み 単一畑のアガベアスルを 使ったテキーラ

ちなみに、私の父はテキーラだけでなく、実はワイン文化にも深く関わっていました。そのため、ワインで重要視されるテロワールが、テキーラの味わいにも影響するのではと考えていました。

そこで、カルロスに単一の畑から収穫したアガベアスルでテキーラをつくることを提案します。そして、15年以上かけて35以上の単一畑を使っ

てテキーラをつくった結果、オチョはテロワールがアガベアスルの質に、そして最終的にテキーラの味にも重要な役割を果たすということを証明しました。

Q おすすめのテキーラの飲み方は？

A ストレートが一番好きですが、カクテルのベースとしてもおすすめです。私は「ウォッカ、ジン、ラムやウィスキーでつくれるカクテルは全て、テキーラでつくればもっとおいしい」とよく言っています。

Q 仕事でのこだわりは？

A 私が大切に思っていること、と言ったら人間関係です。テキーラを含むアガベの蒸留酒の業界にいますが、このコミュニティの一員であることをとても幸運に感じ、感謝しています。

オチョ　グローバルブランドアンバサダー

ジェシー・エステス
Jesse Estes

ロンドン在住。蒸留酒についての教育、執筆を行う。元バーテンダー。テキーラおよびアガベ蒸留酒のセミナー、テイスティング、マスタークラスを主導。「オチョ」のグローバルアンバサダー就任後は、50カ国以上にブランドを広めることに貢献する。

ドン フリオ　グローバルブランドアンバサダー

Karina Sanchez

カリーナ・サンチェス

→ P.131

メキシコの魅力とエネルギーをグラスにもたらすもの。それがテキーラです

▶ ハイヒールで
▶ アガベ畑を
▶ 訪れたあの日から

　私は17年前、ツアーガイドとしてテキーラの魅力や歴史、アガベの美しさを伝える仕事を始めました。最初は何もわかっていなくて、初日にはアガベ畑へ行くのに、ハイヒールを履いていってしまったくらいです。すぐにそれがベストな服装ではなかったことを思い知ったのですが……。

　テキーラ産業がメキシコで非常に重要である

ことは知っていたので、テキーラをつくるハリスコ州テキーラ地区で生まれた女性として、その一端を担いたいと思っていました。そして、仕事を通してテキーラについて学べば学ぶほど、ますます虜になってしまったのです。

　テキーラは、私たちのグラスの中にメキシコの魅力とエネルギーを注ぎ込んでくれます。単に「アガベアスルの糖分を蒸留したお酒」ではない、それをはるかに上回るもの。テキーラはメキシコの文化、何千年と受け継がれて燃え続けてきたこの土地の情熱、そして私たちメキシコ人のアイデンティ

ティーを象徴する特別な飲み物なのです。

17年前に摑（つか）んだ、人生の情熱

ツアーガイドの仕事の話があった時、私は大学の卒業間際でした。化学工学を勉強していたにもかかわらず、全く違う業種の仕事をする決意をしたのです。ガイドの仕事はすぐに覚えましたが、テキーラについてもっと知りたくなり、製造にも携わるようになりました。そして2012年、米国やカナダを含む世界市場向けのテキーラ・エデュケーター（教育者）としての活動をスタートし、それが自分にとって、人生の情熱を注げるものだと気づきました。

ドン フリオの輸入社であるディアジオで働く前は、メキシコの全国テキーラ産業会議所（CNIT）でテキーラのプロモーションを指揮し、メキシコで最初の「テキーラの日」を立ち上げました。これは私のキャリアの中でも、重要な節目となる仕事でした。もし17年前にチャンスを摑んでいなかったら、私は今何をしていただろうかと、よく考えます。

テキーラの豊かな歴史を守る努力と誇り

ドン フリオは数あるテキーラの中でも最も美しいストーリーを誇るブランドのひとつです。このブランドの魂は、私たちに、最高の自分となり「"Por amor（ポル アモール）"＝愛のために」生きるようにと鼓舞してくれるものです。ドン フリオと関わったことのある人なら誰でも、私たちが情熱的で、自分たちの仕事を愛していることを知っているはずです。

いつも自分の仕事と同僚にとても感謝すると同時に、この美しいブランドストーリーを築き続けることに、大きな責任を感じます。私たちは、ひとつの家族として互いに支え合い、代々受け継がれてきた伝統のものや価値観を守り、消費者の皆さまに最高の「テキーラ体験」をしていただけるよう情熱をもって働いています。誠実、尊敬、責任、これら3つが、私の仕事において最も大切な価値観といえるかもしれません。

Q テキーラのおすすめの飲み方は？

A 食前酒には、ブランコを使ったパロマが最適です。ブランコには魚やサラダ、レポサドには、少しスパイスのきいたソースを添えた赤身のお肉がよく合います。食後には、アニェホでつくったオールドファッションドがおすすめです。

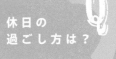

Q 休日の過ごし方は？

A 出張が多いので、外へ出ていない時には家で家族と過ごすのが好きです。そのほかにはランニングや読書、あとはメキシコ料理が大好きなので、新しいお店を見つけるのも好きです。

ドン フリオ　グローバルブランドアンバサダー
カリーナ・サンチェス
Karina Sanchez

2022年からドン フリオのグローバルブランドアンバサダーに就任。マエストロ・テキーラやコノセドール・デル・テキーラといった名誉ある称号を授与され、その知識と資格を生かして、ドン フリオの卓越した伝統と技術を世界中のファンに紹介している。

オルメカ アルトス
マスターディスティラー

Jesus Hernandez

ヘスス・エルナンデス

APICS 認定修了。蒸留酒製造業に 33 年間従事している。現在、マスターディスティラーとして、新商品開発や、テキーラ「オルメカ」および「アルトス」の品質と特徴の維持に資する。

→ P.118

INTERVIEW No. 10

テキーラとは、
友人や家族と分かち合う
幸せのお酒

**お気に入りの
テキーラの
楽しみ方は？**

A テキーラの楽しみ方は、その時々です。暑い日にはパロマを飲むのが好きです。リラックスしたい時にはオルメカ アルトス プラタをストレートで1口ずつゆっくり楽しんだり、コーヒーと一緒にレポサドを飲むのも好きです。

「テキーラ」は自然と笑顔をつくる言葉

テキーラは、原材料であるアガベアスルの栽培に何年も費やしてつくられるお酒です。アガベアスルが成熟するまでにかかる年月は、実に6年から7年。また、アガベアスルを複雑みがありおいしいテキーラに変身させるには、実直な手仕事と高度な科学技術の両方が求められます。完璧なバランスと力強さを求めて、注意深く製造しなければならないのです。

「テキーラ」と聞けば、多くの人が祝日や休暇の一コマを連想するのではないでしょうか。この言葉を発する時は、自然と笑顔になります。そして「メキシコ」という言葉も、多くの人にとってそういう存在なのだと思います。それがテキーラと、テキーラの国メキシコの魅力だといえます。

環境への配慮を大切に

オルメカ アルトスは、2人のミクソロジスト、ヘンリー・ベサントとドレ・マッソ、そして私の3人により共同開発されたテキーラです。異なる視点を持つ3人が集まることにより、上質なカクテルをつくるのに理想的でありながら、ストレートでゆっくりと楽しむのにも適したテキーラをつくり出すことができました。

この仕事で最も誇りに思うことのひとつは、環境を破壊することなく上質なテキーラをつくることができていることです。私たちはテキーラの製造プロセスで出る、アガベアスルの繊維と排水を畑で再利用できる堆肥に変換するためのシステムを、いち早く導入した蒸留所のひとつです。

業界全体としても、地球環境への影響を極力減らす努力を、さらに強めていけると良いと思っています。

テキレラ・デ・アランダス社
共同ディレクター兼
アジア・オセアニア・輸出マネージャー

Mayra Paola Mtz Reyes
マイラ・パオラ・マルティネス・レイエス

国際商学部で学び、輸出部門のアシスタントとしてテキレラ・デ・アランダスに入社。さまざまなポストを経験した後、アジア・オセアニア輸出マネージャーに就任。中国市場の開拓など、同社に大きく貢献してきた。

→ P.120

INTERVIEW No.

テキーラ、
それは全ての
ボトルに息づく
豊かな伝統です

Q テキーラ
好きな女性へ、
メッセージを！

A テキーラはまるで宇宙。多種多様な味わいやテキーラにまつわる伝統や文化についてもぜひ楽しんで、たくさん学んでください。サルー（乾杯）！

世代を超えて、メキシコの情熱と誇りを象徴する存在

テキーラは、飲み物という枠を超えて、メキシコの誇る豊かな伝統と文化を象徴するものだと思います。いくつもの世代を経てアガベアスルの蒸留をここまで極めてきた、この国の情熱であり誇りなのです。蒸したアガベアスルそのものの味から、樽熟成によって得られるバニラやキャラメルのような香り、クリスタリーノまで幅広い味が表現できることもテキーラの魅力です。

幼少期からの憧れ、テキーラの世界で

私は幼い頃から、アガベ畑の美しさやテキーラづくりの裏側にある仕事に魅了されてきました。大学を出てすぐに働けるチャンスを模索しました。テキーラの輸出部門の職を得ることができた私は、ここでたくさんのことを学び、献身的な努力とブランドへの愛情により少しずつ責任の大きいポストを任されてきました。現在はテキレラ・デ・アランダス社の共同ディレクター兼アジア・オセアニア・輸出マネージャーとして、アジアとオセアニア市場の拡大を目指しています。私にとっては、刺激的な挑戦です。

女性ならではの視点や意見で活躍するチャンス

伝統的に男性優位のテキーラ業界において、女性である私は自分の知識や能力を明確に示さないと意見を聞いてもらえない、という厳しい場面にも直面してきました。しかし、女性ならではのこれまでにない視点やフレッシュな意見で活躍するチャンスも大いにあると感じています。

たくさんの女性に、勇気を持って自身の情熱や目標を追求し続けてほしいです。

オリジナルテキーラ
ハッピーラ　プロデューサー
パフォーマー

EXILE ÜSA

エグザイル　ウサ

1977年生まれ。本名は宇佐美吉啓。2001年EXILEのパフォーマーとしてデビュー。2006年から「ダンスは世界共通言語」をテーマに個人プロジェクト「DANCEARTH」の活動を開始し、世界20カ国以上を訪れる。2019年にオリジナルテキーラ「HAPPiLA」を発売。2020年には文化庁から日本遺産大使に任命され、また国連WFPサポーターとしても活躍中。

INTERVIEW No.**12**

テキーラとは、
世界一
ココロオドルお酒

Q テキーラの
おすすめの
飲み方は？

A シンプルに夏はソーダ割り、冬はお湯割りで飲むことが多いです。もちろんストレートも。自家製テキーラ梅酒も、毎年つくって楽しんでいます。

1本のテキーラとの出会いが強くて飲みづらい印象から最強のお酒へ

はじめは、クラブでテンションを上げるためのお酒でした。正直に言って、強くて飲みづらい印象でした。けれど、ある日「ドン フリオ1942」を飲んだ時、驚くほどスムーズな喉ごしと、バニラのような甘い香りの余韻が残るおいしいテキーラに出会えたことに、衝撃を受けたのです。しかも酔ってもパワーが湧いてきて、踊ってもフラフラしない。テキーラは、ココロもカラダもオドル最強のお酒ですね。

6年の歳月を経て完成した、オリジナルテキーラ「HAPPiLA（ハッピーラ）」

テキーラを通して、素晴らしい出会いや仲間との良い時間を過ごすようになりました。そのようななかで「テキーラは何からできて、どういう場所でつくられているんだろう」という疑問が生まれました。調べていくうちに、さらにテキーラの魅力の虜になり、ついに自分でプロデュースした、オリジナルテキーラの開発をスタートさせたのです。

テキーラを通して、ココロオドル時間を！

「ハッピーラ」は、100%アガベで素材にこだわった質の高いテキーラで、飲み口もスムーズです。さらにダンスや音楽をイメージしたミラーボールキャップや、葉先を虹色にしたアガベをデザインしました。とにかくハッピーで、カラダだけでなくココロもオドルようなデザインを目指しました。

ハッピーラで使用するアガベアスルには、音楽を聴かせて育てています。ハッピーラを飲んで、皆さまにもココロオドル時間を過ごしていただけたらうれしいですね。

LUNA SEA ギタリスト

INORAN

イノラン

LUNA SEA のギタリストとして、1989 年から活動を開始。代名詞ともなっているアルペジオ奏法をはじめとする唯一無二のスタイルは、多方面から評価を受けている。2015 年、2016 年には、自身がプロデュースする限定ボトル「PATRON バレルセレクト INORAN ボトル」を発売。2017 年には「テキーラ PR 大使」にも任命されている。

INTERVIEW No.13

楽しいときも悲しいときも、テキーラでサルー（乾杯）！やっぱりそうだよね

テキーラのおすすめの飲み方は？

Q

A 良い音楽とおいしいテキーラは、最高の組み合わせ。自分の好きな音楽を聴きながらテキーラを飲む時間は、素晴らしい時間だと思います。

バンド活動を通して広がったテキーラを楽しむ時間

僕は「Muddy Apes」というバンドをやっているんですけど、そのバンドは、英国、米国、日本と、いろんな国のメンバーが集まったバンドで、ひと仕事を終えた後のご褒美的なお酒だったり、ライブ前に乾杯するお酒だったり……仲間と楽しく飲むお酒として、テキーラを飲む機会がとても多くて。

そうやってテキーラを楽しむようになった頃に、テキーラを特集する雑誌の企画に声を掛けていただいて出させてもらいました。それ以来、テキーラを扱う会社の方と交流を持つようになり、テキーラの種類がたくさんあることを知って、その魅力を知る機会が増えて、どんどんテキーラを好きになっていきました。

思い出に残る自分の名前のついたテキーラづくり

テキーラに関わる方と交流していくうちに「自分たちの名前のついたテキーラをつくろう」という話になりました。メキシコでテキーラの蒸留所を訪問して「PATRON バレルセレクト INORAN ボトル」として販売する樽を選ぶという機会を得たことは、とても思い出に残っています。蒸留責任者の方に会ったり、テキーラをつくる人たちと直接交流したりすることで、味の深みも歴史の深さも、さらにテキーラの魅力を知ることができて、ますますテキーラを好きになる体験でした。

テキーラは誰と一緒に飲むかが、大事

でもやっぱり、僕にとっては、誰と一緒に飲むか、なんですよね。テキーラっていうのは、誰かと一緒にお酒を飲む、その時間をハッピーにしてくれる本当に楽しいお酒。そんなところが魅力です。

カスカウィン　ブランドアンバサダー
兼ミクソロジスト

Tetsu Shady
<ruby>景田哲夫<rt>かげた てつお</rt></ruby>

海外では「Tetsu Shady」名で活動。2014年にテキーラ製造
を目標とし渡墨、その後「カスカウィン」に出会い、アジア人
としてはじめて、テキーラ製造ラインに加入。現在はテキーラ
のテイスター、セールス・プロモーション、輸出、蒸留所でのゲ
ストリレーション業務に携わる。座右の銘は「Bueno, Bonito,
Balanceado」。

INTERVIEW No.14

テキーラとは、
心の扉を開く鍵

メキシコや
テキーラの
魅力は？ Q

A 解放感満載のお国柄と、国を代表する原産地呼称
酒、テキーラ。自分次第でいかようにも過ごせる、
自然豊かなメヒコ・マヒコ（メキシコの魔法）。時
間の余裕をもって、ぜひ一度いらして下さい。

最悪だった、最初の印象。好みのテキーラとの出会いがそのイメージを1,000%変えた

　飲食店でライムと塩で一気飲み。それが、テ
キーラとの最初の出会いでした。一度は「もう飲
まない」と決めた最悪の出会いでした(笑)。

　しかし、そのネガティブなイメージが1,000%
跳ね返されるくらい、好みの味と香りのテキーラ
に出会うことができました。それがきっかけで、
原材料や製造方法などに興味を持つようになり、
さまざまな経験を経て、今こうしてテキーラの製
造に携わっています。

「カスカウィン」との出会いで製造にどっぷり浸かる日々

　日本でテキーラの勉強をした後、2014年にメ
キシコに到着しました。そして約3カ月後、テキー
ラ「カスカウィン」と出会い、それ以来、テキーラ
の製造工程にどっぷり浸かる日々です。

　他社の蒸留所にも数多く訪問しましたが、こ
んなに全ての情報をオープンに、そして正確に答
えてくれる場所はありませんでした。そして何よ
りも人々がとても温かく、アツい。ここで働きた
いと想いを募らせたことを今でもよく思い出します。

テキーラの原点は、いつも現場にある

　テキーラ業界では「おいしいブランコをつくれ
る蒸留所は、良いつくり手」という暗黙の了解が
存在します。テキーラの原材料の風味・個性をど
れだけ豊かにブランコの中に引き出せるか、私
たちは常にそれにこだわり、テキーラ製造に従
事しています。

　いつも現場が原点と考え、テキーラの愛好家
やブランドのオーナーが蒸留所で見るもの、香る
もの、味わえるもの、それらが真実だと思ってい
ます。

クエルボ、1800テキーラ
ブランドアンバサダー

Masanobu Yamashita
やましたまさのぶ
山下雅靖

クエルボ・1800テキーラ ブランドアンバサダー。2002年から「クエルボ」「1800テキーラ」に携わり、20年以上マーケティング、セールス、消費者コミュニケーションなど幅広いブランド育成活動を行っている。

INTERVIEW No. 15

テキーラとは、
人生を賭けた
ブランド

今後の
クエルボの
楽しみ方は？
Q

A 「MARGARITA FIESTA」というフェスイベントを立ち上げました。今後ショットだけではなく、マルガリータなどのカクテルでも楽しんでもらえるよう、機会を増やしていきたいと思っています。

「クエルボ1本で人生を賭けてみよう」ブランドづくりの面白さに惹かれた出会い

もともとワイン好きで、感動したブルゴーニュワインがあり、裏ラベルの輸入会社に履歴書と熱い想いを送って酒類業界に転職しました。その会社では、ワインもスピリッツも取り扱っていましたが、スピリッツのブランドづくりが面白くて、担当するようになりました。そして、2002年にクエルボと1800テキーラに出会います。

その後2008年に、「クエルボ1本で人生を賭けてみよう」と起業し、クエルボ、1800一筋で現在に至っています。

マーケティングプランは、飲まれている現場にある

クエルボは、業務用市場で成長したブランドで、クラブやバーなどのお店の方々に育てていただきました。長年数多くの飲食店に伺い、自分の目で見たり、お店の方にお話を聞いたりして、マーケティングプランを考えてきました。20年前は、今ほどショットは飲まれておらず、そこで、クラブでのショットプロモーションを開始します。「仲間とクエルボ・ショットで乾杯」を、お店の方々と共につくり上げ、楽しさを広めていきました。

ボトルで楽しむ新しいドリンク文化を！

現在、クエルボは日本で1日6,000本、1800テキーラは1,400本が消費されています。味わいの個性が強いテキーラで、このレベルまで親しまれると、消費者の方々にも安定感を持っていただけます。「クエルボや1800を飲んでおけば間違いない」と。そして今、シャンパーニュと同じように、ボトルで楽しむ新しいドリンク文化を1800テキーラで確立しています。

DJ
タコス協会 代表理事

DJ SARASA

独自の世界観とDJスキルを持ち、日本はもとより世界を股にかけるインターナショナルDJとして活動。さらに世界ツアー中に本場メキシコで食べたタコスを日本に紹介すべく、2017年5月には渋谷でタコスショップ『渋谷メキシカン Casa De Sarasa』をオープン。

INTERVIEW No.16

テキーラとは、五感が揺るがされ素敵な記憶が鮮明に蘇るお酒

飲み比べた時のわずかな違いも鮮明にわかる楽しみ

私は、タコスからメキシコの食文化が好きになり、必然的にタコスに合わせてテキーラを口にする機会が多くなりました。テキーラは厳しく管理された製造工程と監査を経て、ようやく販売までに至るお酒です。厳格なルールのもとでつくられるからこそ、飲み比べた時にわずかな違いも鮮明に感じられる楽しみがあると思います。

感動が記憶に残る力強い香りと味わい

香りも味も力強いので、飲んだ時にその時の思い出が脳裏に刻み込まれることが多々あります。やはり蒸留所で製造者の一途な姿を拝見しながら飲むテキーラは、私にとってインパクトが強く、何年経っても、そのブランドを口にして目を閉じるとそこにタイムスリップしてしまうほどです。

音楽と親和性のあるテキーラメニューが中心のタコスショップをオープン

2017年自分のお店(Casa De Sarasa)をオープンする際に、ドリンクメニューはたくさんあるテキーラから選べるようにしようと思い、目時さんに相談しました。私はDJなので、テキーラも音楽と親和性があるブランドメニューが中心になり、いろいろ飲んでいるうちに詳しくなっちゃいました。音楽も一緒ですね、いろいろ聞いているうちにDJになるほど詳しくなりました。

Q 普段、どんなふうにテキーラを楽しみますか？おすすめのテキーラの飲み方、合う料理を教えてください。

A 長い年月をかけて、大切に育てられたアガベアスルだけがテキーラに使われているのかと思うと、やっぱりテキーラはストレートで飲みたいです。私はもちろんタコスと合わせて楽しみます。

巻末SPECIAL

日本で楽しむ
テキーラ情報

日本で購入できるテキーラブランドや
お酒屋さんをご紹介。テキーラに関す
る記念日などもまとめました。テキーラ
を楽しむ参考にしてください。

TEQUILA MAP

ハリスコ州
テキーラ地区

P.100　P.101　P.102　P.103　P.104　P.105　P.106　P.107

P.108　P.109　P.109　P.110　P.111　P.111　P.112

ハリスコ州
アマティタン
地区

P.113

15

テキーラ
Tequila

アマティタン
Amatitán

バジェス
VALLES

エル アレナル
El Arenal

23　**54**

ハリスコ州
エル アレナル
地区

サポパン
Zapopan

グアダラハラ
Guadalajara

トラケパケ
Tlaquepaque

P.113

70

トラホムルコ デ スニガ
Tlajomulco de Zúñiga

ハリスコ州
トラホムルコ デ
スニガ地区

ハリスコ州
トラケパケ地区

ハリスコ州
サポパン
地区

チャパラ湖

P.114　P.115　P.116

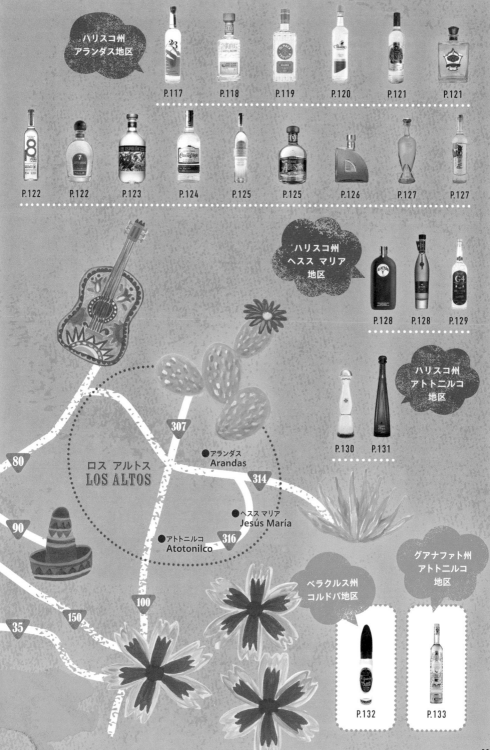

ハリスコ州
アランダス地区

P.117 　P.118 　P.119 　P.120 　P.121 　P.121

P.122 　P.122 　P.123 　P.124 　P.125 　P.125 　P.126 　P.127 　P.127

ハリスコ州
ヘスス マリア
地区

P.128 　P.128 　P.129

ハリスコ州
アトトニルコ
地区

P.130 　P.131

307

80

ロス アルトス
LOS ALTOS

●アランダス
Arandas

314

90

●ヘスス マリア
Jesús María

●アトトニルコ
Atotonilco

316

100

150

35

ベラクルス州
コルドバ地区

グアナファト州
アトトニルコ
地区

P.132 　P.133

99

SAUZA

NOM 1102

サウザ

カサ・サウザ蒸留所

〈所在地〉ハリスコ州テキーラ地区
〈ブランドラインナップ〉

サウザ
シルバー

サウザ
ゴールド

サウザ
ブルー
シルバー

サウザ
ブルー
レポサド

〈カテゴリー〉☑テキーラ　☑100%アガベテキーラ
〈クラス〉☑ブランコ　☑ホベン　☑レポサド
　　　　□アニェホ　□エクストラ アニェホ
〈度　数〉40度　〈容　量〉750ml
〈輸入社〉サントリー株式会社

❶**アガベの生産地**／ハリスコ州、ナヤリット州、
　ミチョアカン州、グアナファト州、タマウリパス州
❷**加熱方法**／ディフューザーの後にアウトクラベ
❸**搾汁法**／ディフューザー
❹**酵　母**／自家製酵母
❺**蒸留器の種類と蒸留回数**／ステンレス製の単式蒸留器で
　2回または連続式蒸留機で1回
❻**熟成樽の種類**／アメリカンオークの新樽

多くのテキーラメーカーと違い、サ
ウザ社は100%自社畑で栽培する

**ブランド
の特徴**

　　　ドン・セノビオ・サウサ氏によって創業さ
れた、テキーラを代表する人気・知名度の高い銘柄
です。はじめて「テキーラ」という名前を名付けた
銘柄でもあり、テキーラの原産地呼称制度の制定
に貢献した非常に歴史と信頼性が高いブランドです。
シルバーとゴールドや、プレミアムテキーラとして、
ブルーも展開しています。

抽出したアガベジュースに独自の酵母
を入れ、ステンレス製の発酵樽で発酵
させる

NOM 1108 EL TEQUILEÑO

エル テキレーニョ

ラ・グアレーニャ蒸留所

〈所在地〉ハリスコ州テキーラ地区
〈ブランドラインナップ〉

エル テキレーニョ
プラチナム ブランコ

エル テキレーニョ
グランレゼルバ レポサド

エル テキレーニョ
クリスタリーノ

〈カテゴリー〉□ テキーラ　☑100%アガベテキーラ
〈クラス〉☑ブランコ　□ホベン　☑レポサド
　　　　　□アニェホ　□エクストラ アニェホ　☑その他
〈度　数〉40度 ※クリスタリーノのみ35度
〈容　量〉700ml
〈輸入社〉ジェイドックス株式会社

❶アガベの生産地／ハリスコ州ロス アルトス地方
❷加熱方法／アウトクラベ
❸搾汁法／ローラーミル
❹酵　母／天然酵母
❺蒸留器の種類と蒸留回数／銅製とステンレス製の単式蒸留器で2回
❻熟成樽の種類／アメリカンオークの旧樽

**ブランド
の特徴**

　　　　　地元テキーラ地区で1959年から親しまれているブランドです。3代目に引き継がれた今もレシピや製法は創業時のまま。開放された工場内で、コンクリート槽を使用し、こだわりの自然酵母で発酵されてできるテキーラには、歴史が詰まっています。工場近くに植えられたマンゴーの木から付与される酵母が、特別な味わいを生み出しています。

ハウスブランドとしてバタンガ発祥の
バー "La Capilla" でも使われている

ハリスコ州で1番好きなブランドにも選
ばれた地元民に愛されているテキーラ

ARETTE
NOM 1109
アレッテ

エル・ジャノ蒸留所

〈所在地〉ハリスコ州テキーラ地区
〈ブランドラインナップ〉

アレッテ
ブランコ

アレッテ
レポサド

〈カテゴリー〉 □テキーラ　☑100%アガベテキーラ
〈クラス〉☑ブランコ　□ホベン　☑レポサド
　　　　　□アニェホ　□エクストラ アニェホ
〈度　数〉40度　〈容　量〉700ml
〈輸入社〉ジェイドックス株式会社

❶アガベの生産地／ハリスコ州バジェス地方
❷加熱方法／アウトクラベ
❸搾汁法／ローラーミル
❹酵　母／天然酵母
❺蒸留器の種類と蒸留回数／ステンレス製の単式蒸留器で2回
❻熟成樽の種類／アメリカンオークの旧樽

テイスティングルーム外観

ブランド
の特徴

　　　　　伝統的な手法を貫いたテキーラをつく
り続けているブランドです。「アレッテ」は、オリンピッ
クの障害馬術で優勝した片目の見えない名馬に由
来します。「情熱と力強さを表現したい」という想い
から名付けられました。100%アガベテキーラで、添
加物不使用。アガベアスルの風味がじんわり染み渡
る、温かみのある味わいが、「アレッテ」の特徴です。

蒸留所内観。1986年からアレッテの
生産を開始

ORENDAIN

NOM 1110

オレンダイン

オレンダイン蒸留所

〈所在地〉ハリスコ州テキーラ地区
〈ブランドラインナップ〉

オリータス
クリスタリーノ

オリータス
レポサド

グランオレンダイン
ブランコ

オレンダイン
ブランコ

〈カテゴリー〉☑テキーラ　☑100%アガベテキーラ
〈クラス〉☑ブランコ　□ホベン　☑レポサド
　　　　　☑アニェホ　☑エクストラ アニェホ　☑その他
〈度　数〉40度 ※オレンダイン ブランコのみ38度
〈容　量〉750ml
〈輸入社〉リードオフジャパン株式会社

❶アガベの生産地／ハリスコ州バジェス地方
❷加熱方法／マンポステリア
❸搾汁法／ローラーミル
❹酵　母／自家製酵母
❺蒸留器の種類と蒸留回数／銅製の単式蒸留器で2回
　＊オリータス各種のみ3回
❻熟成樽の種類／アメリカンオークの旧樽

ブランド
の特徴

　　　　1926年設立の歴史ある蒸留所。創業者は、現代のテキーラ隆盛の品質的基盤でもあるCRTの設立メンバーで初代会長を務めました。「オレンダイン ブランコ」は、メキシコ国内でも絶大な人気を誇っています。大手でありながら、設立以来3世代にわたり、今なお100%メキシコ資本経営を続けています。

自社畑でのアガベ収穫模様

自社畑の最良区画・テペコステの丘に広がるオレンダインの文字

JOSE CUERVO
NOM 1122
ホセ クエルボ

ラ・ロヘーニャ蒸留所

〈所在地〉ハリスコ州テキーラ地区
〈ブランドラインナップ〉

| クエルボ エスペシャル レポサド | クエルボ トラディショナル シルバー | レゼルヴァ デラ ファミリア プラティノ | レゼルヴァ デラ ファミリア エクストラ アネホ |

〈カテゴリー〉☑テキーラ　☑100％ アガベテキーラ
〈クラス〉☑ブランコ　□ホベン　☑レポサド
　　　　　□アニェホ　☑エクストラ アニェホ
〈度　数〉40度 ※トラディショナルは38度
〈容　量〉750ml ※エスペシャル レポサドは750ml/375ml、トラディショナルは700ml
〈輸入社〉アサヒビール株式会社

❶アガベの生産地／ハリスコ州バジェス地方
❷加熱方法／マンポステリア
❸搾汁法／ローラーミル
❹酵　母／天然酵母
❺蒸留器の種類と蒸留回数／異なる銅製の単式蒸留器で2回
❻熟成樽の種類／エスペシャルは大きなアメリカンオーク樽、トラディショナル、レゼルバ デラ ファミリアはアメリカンオーク樽とフレンチオーク樽(新旧は非公開)

ブランドの特徴
「ホセ クエルボ」は、最も古く、世界で最も飲まれているテキーラブランドです。1758年にホセ・アントニオ・デ・クエルボが、スペイン統治時代のメキシコでスペイン王からアガベを植樹する土地を認可され、その後1795年に王室許可のもと、最初のテキーラが販売されました。現在でも直系子孫のファミリーによる経営が続いています。

街の中心の広場に隣接しているラ・ロヘーニャ蒸留所。見学ツアーも行っている

16のマンポステリアで36時間から40時間じっくりと加熱。香り高いテキーラを生み出す

1800 TEQUILA

1800 テキーラ

ラ・ロヘーニャ蒸留所

〈所在地〉ハリスコ州テキーラ地区
〈ブランドラインナップ〉

1800
シルバー

1800
レポサド

1800
アネホ

1800
クリスタリーノ

〈カテゴリー〉□ テキーラ　☑100% アガベテキーラ
〈クラス〉☑ブランコ　□ホベン　☑レポサド
　　　　　☑アニェホ　□エクストラ アニェホ
〈度　数〉40度 ※クリスタリーノは35度
〈容　量〉750ml
〈輸入社〉アサヒビール株式会社

❶アガベの生産地／ハリスコ州ロス アルトス地方
❷加熱方法／マンポステリア
❸搾汁法／ローラーミル
❹酵　母／天然酵母
❺蒸留器の種類と蒸留回数／異なる銅製の単式蒸留器で2回
❻熟成樽の種類／レポサド、アネホはアメリカンオーク樽とフレンチオーク樽(新旧は非公開)、クリスタリーノはアメリカンオークの新樽とフレンチオークの新樽、ポートワイン樽で仕上げ

ブランドの特徴

「1800 テキーラ」は、クエルボ社が生み出す、世界で最も多くの賞を受賞したプレミアム スピリッツブランド。名前は、1800 年頃にテキーラがはじめてオーク樽で熟成された歴史に由来しています。特に、日本では「1800 アネホ」が最も人気です。ラグジュアリーなシーンには欠かせないテキーラです。

1800 テキーラのエクストラ アネホ
「1800 ミレニオ」
(2024 年 3 月現在日本未発売)

2023 年は 1800 ブランドとしてはじめての屋外広告を実施

CASA MAESTRI FLASK BOTTLE

NOM 1438

カサ マエストリ フラスクボトル

デスティラドラ・デル・バジェ・デ・テキーラ蒸留所

〈所在地〉ハリスコ州テキーラ地区
〈ブランドラインナップ〉

カサ マエストリ
200ml ブランコ

カサ マエストリ
1750ml ブランコ

〈カテゴリー〉 □ テキーラ　☑100% アガベテキーラ
〈クラス〉☑ブランコ　□ホベン　□レポサド
　　　　　□アニェホ　□エクストラ アニェホ
〈度　数〉40度
〈容　量〉200ml ＆1750ml
〈輸入社〉株式会社スリーアローズ

❶**アガベの生産地**／ハリスコ州バジェス地方とロス アルトス地方
❷**加熱方法**／アウトクラベ
❸**搾汁法**／ローラーミル
❹**酵　母**／自家製酵母
❺**蒸留器の種類と蒸留回数**／ステンレス製の単式蒸留器で2回
❻**熟成樽の種類**／樽熟成なし

ヒマドール（伝統的な職人）とロバによるアガベアスルのピニャ収穫

ブランドの特徴

「フラスクボトル」とは、スキットルボトルともいわれ、高アルコール度数の酒を入れるための「水筒」です。中には100％アガベテキーラのブランコを詰めました。キャンプやハイキング、遊びのお供にポケットや小さめの鞄にもスマートに入ります。その他のスピリッツもさまざまな色のボトルで販売しています。

ピニャを焼くためのオーブン。2日間ほど蒸しあげる

DONA CELIA
ドーニャ セリア

デスティラドラ・デル・バジェ・デ・テキーラ蒸留所

〈所在地〉ハリスコ州テキーラ地区
〈ブランドラインナップ〉

ドーニャ セリア
ブランコ

ドーニャ セリア
レポサド

ドーニャ セリア
アネホ

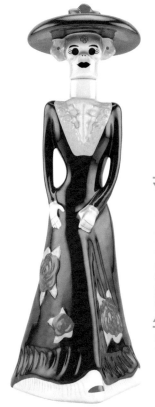

〈カテゴリー〉□ テキーラ　☑100% アガベテキーラ
〈クラス〉☑ブランコ　□ホベン　☑レポサド
　　　　　☑アニェホ　□エクストラ アニェホ
〈度　数〉40度
〈容　量〉750ml
〈輸入社〉株式会社スリーアローズ

❶アガベの生産地／ハリスコ州バジェス地方とロス アルトス地方
❷加熱方法／アウトクラベ
❸搾汁法／ローラーミル
❹酵　母／自家製酵母
❺蒸留器の種類と蒸留回数／ステンレス製の単式蒸留器で2回
❻熟成樽の種類／アメリカンオーク樽の旧樽

ローラーミル。加水しながら、アガベ
ジュースを搾汁

**ブランド
の特徴**
「ドーニャ セリア」は、「死者とも楽しく
過ごそう」というメキシコのユニークな
概念からつくられました。きらびやかなボトルの中
には100％アガベテキーラを詰め、その原材料は
ロス アルトス地方とバジェス地方のアガベアスルを
50％ずつ使用しています。メキシコの魅力がたくさ
ん詰まった商品です。

蒸留所では、品質を保持するために清
掃に力を入れている

107

AGAVE BOOM
アガベブーム

デスティラドラ・デル・バジェ・デ・テキーラ蒸留所

〈所在地〉ハリスコ州テキーラ地区
〈ブランドラインナップ〉

アガベブーム
ブランコ

〈カテゴリー〉□ テキーラ　☑100% アガベテキーラ
〈クラス〉☑ブランコ　□ホベン　□レポサド
　　　　　□アニェホ　□エクストラ アニェホ
〈度　数〉40度　〈容　量〉750ml
〈輸入社〉株式会社シーゲルコーポレーション

❶アガベの生産地／ハリスコ州バジェス地方と
　ロス アルトス地方
❷加熱方法／マンポステリアとアウトクラベ
❸搾汁法／ローラーミル
❹酵　母／自家製酵母
❺蒸留器の種類と蒸留回数／ステンレス製の単式蒸留器で2回
❻熟成樽の種類／樽熟成なし

ポップな見た目に反して、味わいは
とても上品。カクテルにもおすすめ

ブランド の特徴

　「アガベブーム」は、今までのテキーラボトルにはなかったポップなデザインで、気軽に楽しめるテキーラとして欧米の若い人たちの間で人気のテキーラです。2018年にサンフランシスコのスピリッツコンペティションのダブルシルバーメダル、2021年にはニューヨークのワールドワイン＆スピリッツコンペティションのシルバーメダルを受賞しました。

気軽に楽しめるテキーラとして、若
い層にも人気

AGAVALES

NOM 1438

アガバレス

デスティラドラ・デル・バジェ・デ・テキーラ蒸留所

〈所在地〉ハリスコ州テキーラ地区
〈カテゴリー〉□ テキーラ　☑100% アガベテキーラ
〈クラス〉☑ブランコ　☑ホベン　☑レポサド
　　　　　☑アニェホ　□エクストラ アニェホ
〈度　数〉40度　〈容　量〉750ml
〈輸入社〉リードオフジャパン株式会社

> **ブランド
> の特徴**　「アガバレス」は、日本における100%
> アガベテキーラ浸透の先駆的役割を
> 果たしたブランドです。バジェスらしいアガベ感と、
> 100%アガベテキーラならではのスムーズさを併せ
> 持っています。プレミアムレンジも人気上昇中です。

TEQUILA テキーラの代表銘柄 巻末 SPECIAL

TIERRA Y PODER

NOM 1438

ティエラ イ ポデール

デスティラドラ・デル・バジェ・デ・テキーラ蒸留所

〈所在地〉ハリスコ州テキーラ地区
〈カテゴリー〉□ テキーラ　☑100% アガベテキーラ
〈クラス〉☑ブランコ　□ホベン　☑レポサド
　　　　　☑アニェホ　□エクストラ アニェホ
〈度　数〉40度　〈容　量〉750ml
〈輸入社〉株式会社都光

> **ブランド
> の特徴**　20年間で200以上のメダルを獲得する
> 「カサ マエストリ」が手掛けるテキーラ。
> マイルドで芳醇な味わいと、テナンゴという刺繍を用
> いた芸術品を彷彿とさせる、メキシコの自然が描か
> れた美しい陶器ボトルが魅力的。

CENOTE
セノーテ

ファブリカ・デ・テキーラス・フィノス蒸留所

〈所在地〉ハリスコ州テキーラ地区
〈ブランドラインナップ〉

セノーテ
ブランコ

セノーテ
グリーン オレンジ

〈カテゴリー〉 □ テキーラ　☑100% アガベテキーラ
〈クラス〉☑ブランコ　□ホベン　□レポサド
　　　　　□アニェホ　□エクストラ アニェホ　☑その他
〈度　数〉40度
〈容　量〉700ml
〈輸入社〉日本ビール株式会社

❶アガベの生産地／ハリスコ州テキーラ地区
❷加熱方法／アウトクラベ
❸搾汁法／ローラーミル
❹酵　母／自家製酵母
❺蒸留器の種類と蒸留回数／ステンレス製の単式蒸留器で3回
❻熟成樽の種類／アメリカンオークの旧樽

アガベアスルは6～7年かけてしっかり成長させたものを使用

ブランドの特徴

「セノーテ グリーン オレンジ」は、ブランコテキーラとメキシコ産のグリーンオレンジピールを上手に合わせたリキュールです。通常のシトラスリキュールとは違い、ボディーとフレーバーがしっかりした100%アガベテキーラのブランコに仕上がっています。グリーン オレンジはベラクルス州、テキーラはハリスコ州で製造されています。

セノーテの原材料は、主に蒸留所の近郊から採れる

ROOSTER ROJO
ルースター ロホ

ファブリカ・デ・テキーラス・フィノス蒸留所

〈所在地〉ハリスコ州テキーラ地区
〈カテゴリー〉□ テキーラ　☑100% アガベテキーラ
〈クラス〉☑ブランコ　□ホベン　☑レポサド
　　　　☑アニェホ　□エクストラ アニェホ
〈度　数〉40度　〈容　量〉750ml
〈輸入社〉リードオフジャパン株式会社

**ブランド
の特徴**　「ルースター ロホ」は、バジェスとロス アルトスの両地方で栽培されたアガベアスルを100%使用したテキーラです。メキシコ産の銀製フィルターでろ過した水を用いることで、柔らかく飲みやすい味わいとなっています。

TIERRAS
ティエラス

オーテンティカ蒸留所

〈所在地〉ハリスコ州テキーラ地区
〈カテゴリー〉□ テキーラ　☑100% アガベテキーラ
〈クラス〉☑ブランコ　□ホベン　☑レポサド
　　　　☑アニェホ　□エクストラ アニェホ
〈度　数〉40度　〈容　量〉750ml
〈輸入社〉サニーカラー・ジャパン有限会社

**ブランド
の特徴**　オーガニック先進国アメリカの認定機関「USDA（米国農務省）」に認められた、100%オーガニックテキーラです。300年以上の歴史ある蒸留所で、オレンダイン家の息子たち3兄弟によってつくられているブランドです。

NOM 1493 | FORTALEZA
フォルタレサ

フォルタレサ蒸留所

〈所在地〉ハリスコ州テキーラ地区
〈ブランドラインナップ〉

フォルタレサ
ブランコ

フォルタレサ
レポサド

フォルタレサ
アニェホ

〈カテゴリー〉 □ テキーラ　☑100% アガベテキーラ
〈クラス〉☑ブランコ　□ホベン　☑レポサド
　　　　　☑アニェホ　□エクストラ アニェホ
〈度　数〉40度　　〈容　量〉750ml
〈輸入社〉株式会社 ウィスク・イー

❶アガベの生産地／ハリスコ州テキーラ地区
❷加熱方法／マンポステリア
❸搾汁法／タオナ
❹酵　母／自家製酵母
❺蒸留器の種類と蒸留回数／銅製の単式蒸留器で2回
❻熟成樽の種類／主にアメリカンオークの旧樽

昔ながらの煉瓦製のオーブン「マンポステリア」

**ブランド
の特徴**
　　　　　　名門サウサ家5代目ギジェルモ・エ
リクソン・サウサが、祖父の時代から100年以上
もの間受け継がれてきた伝統的な製法を守り、
2005年から丁寧にテキーラづくりを行っていま
す。100%アガベテキーラの「フォルタレサ」は、
今や世界中から注目の集まるプレミアムテキー
ラとなっています。

今ではほとんど見られなくなった石臼
「タオナ」

NOM 1616

CODIGO 1530
コディゴ 1530

バロ蒸留所

〈所在地〉ハリスコ州アマティタン地区
〈カテゴリー〉□ テキーラ　☑100% アガベテキーラ
〈クラス〉☑ブランコ　□ホベン　☑レポサド
　　　　　□アニェホ　☑エクストラ アニェホ
〈度　数〉40度　〈容　量〉750ml
〈輸入社〉ペルノ・リカール・ジャパン株式会社

ブランドの特徴　無添加(添加物、甘味料、香料、着色料、化学薬品、不使用)にこだわり、最高級のナパバレー産カベルネワイン樽で熟成されたプラベートテキーラです(コディゴ1530 ブランコは未熟成。2024年4月以降に新発売)。

NOM 1586

CHAMUCOS
チャムコス

カサ・デ・ピエドラ蒸留所

〈所在地〉ハリスコ州エル アレナル地区
〈カテゴリー〉□ テキーラ　☑100% アガベテキーラ
〈クラス〉☑ブランコ　□ホベン　☑レポサド
　　　　☑アニェホ　☑エクストラ アニェホ
〈度　数〉40度 ※44.4度、50度のクラスもあり　〈容　量〉750ml
〈輸入社〉デ・アガベ株式会社

ブランドの特徴　小悪魔テキーラ「チャムコス」は、オスカーノミネート映画監督、手吹きガラス作家、実業家の3人が手掛けた、遊び心あふれるテキーラブランドです。創業当初から環境に配慮しアガベアスルの有機農法を実践しています。

VOLCAN X.A

NOM 1523

ボルカン エックスエー

ボルカン・デ・ミ・ティエラ蒸留所

〈所在地〉ハリスコ州サポパン地区
〈ブランドラインナップ〉

ボルカン X.A
レポサド

〈カテゴリー〉□テキーラ　☑100％アガベテキーラ
〈クラス〉□ブランコ　□ホベン　☑レポサド
　　　　　□アニェホ　□エクストラ アニェホ
〈度　数〉40度
〈容　量〉700ml
〈輸入社〉MHD モエ ヘネシー ディアジオ株式会社

❶**アガベの生産地**／ハリスコ州バジェス地方とロス アルトス地方
❷**加熱方法**／マンポステリアとアウトクラベ
❸**搾汁法**／ローラーミルとタオナ
❹**酵　母**／天然酵母、ラム酵母、スパークリングワイン酵母
❺**蒸留器の種類と蒸留回数**／ステンレス製の単式蒸留器で2回
❻**熟成樽の種類**／アメリカンオーク樽（新旧は非公開）

20万年前、テキーラ火山の噴火により、アガベアスルが育つハリスコの肥沃土が誕生

ブランドの特徴

　「ボルカン X.A」は、添加物を一切使わない天然の100％アガベテキーラ。低地と高地の両方から最高品質のアガベアスルを選定することで、複雑かつエレガントな味わいを生み出します。樽詰め後、レポサド、アニェホ、エクストラ アニェホの3つのテキーラをアッサンブラージュすることにより、革新的なブレンドが生み出されます。

3つの異なる熟成テキーラのブレンド

HAPPiLA
NOM 1504

ハッピーラ

アガベアスル・サン・ホセ蒸溜所

〈所在地〉ハリスコ州トラホムルコ デ スニガ地区
〈ブランドラインナップ〉

ハッピーラ
ブランコ

〈カテゴリー〉 □テキーラ　☑100%アガベテキーラ
〈クラス〉☑ブランコ　□ホベン　□レポサド
　　　　　□アニェホ　□エクストラ アニェホ
〈度　数〉38度　〈容　量〉750ml
〈輸入社〉サニーカラー・ジャパン有限会社

❶アガベの生産地／ハリスコ州バジェス地方
❷加熱方法／アウトクラベ
❸搾汁法／ローラーミル
❹酵　母／自家製酵母
❺蒸留器の種類と蒸留回数／ステンレス製単式蒸留器で2回
❻熟成樽の種類／なし

ブランドの特徴
EXILE ÜSA プロデュースのオリジナルテキーラ。6年の歳月を経て完成したこだわりが詰まった最幸の一本。素材にこだわった質の高いテキーラは飲み口もスムーズで気分もハッピーになります。ブランコにレポサドを20%加えることにより、華やかでアフターノートにチェリーを感じる味わいです。

ダンスや音楽をイメージしてデザインされたキャップとレインボーアガベをモチーフにしたデザインが特徴

アガベアスルは音楽を聴かせて育てているので、飲めばココロもオドル

HERENCIA

NOM 1124

エレンシア

テキーラス・デル・セニョール蒸留所

〈所在地〉ハリスコ州 トラケパケ地区

〈ブランドラインナップ〉

エレンシア デ プラタ ブランコ	エレンシア デ プラタ レポサド	エレンシア デ プラタ アニェホ	エレンシア デ プラタ コーヒーリキュール（アルコール 30%）

〈カテゴリー〉□ テキーラ　☑100% アガベテキーラ

〈クラス〉☑ブランコ　□ホベン　☑レポサド
　　　　☑アニェホ　☑エクストラ アニェホ　☑その他

〈度　数〉38度 ※エクストラ アニェホは40度、クリスタリーノは35度

〈容　量〉750ml

〈輸入社〉株式会社MANGOSTEEN

❶アガベの生産地／ハリスコ州ロス アルトス地方
❷加熱方法／アウトクラベ
❸搾汁法／ローラーミル
❹酵　母／自家製酵母
❺蒸留器の種類と蒸留回数／銅製の単式蒸留器で 2 回
❻熟成樽の種類／アメリカンオークの旧樽、シェリー酒の旧樽

先祖代々伝わる、丘の上や森に広がる
良質な土壌や環境下での自然栽培

ブランドの特徴

　　　　　80年続くグアダラハラで最も古い家族経営の蒸留所で、その品質は英国王室晩餐会で振る舞われたことで知られています。環境保護活動にも積極的で、現在4万本の植林をはじめ廃棄アガベを100%リサイクルした有機堆肥栽培、全ての電気を太陽光発電に置換するなどのカーボンニュートラルプロジェクトを行っています。

日本にも輸出しているクリスタリーノ、
エクストラ アニェホ 5 年、15 年熟成

CALLE 23

NOM 1545 1433 (Criollo)

カジェ ベインティトレス

アシエンダ・カペジャニア蒸留所

〈所在地〉ハリスコ州アランダス地区
〈ブランドラインナップ〉

カジェ 23
ブランコ

カジェ 23
レポサド

カジェ 23
アニェホ

カジェ 23
クリオージョ
ブランコ

〈カテゴリー〉□ テキーラ　☑100% アガベテキーラ
〈クラス〉☑ブランコ　□ホベン　☑レポサド
　　　　☑アニェホ　□エクストラ アニェホ
〈度　数〉40度 ※クリオージョのみ49.3度
〈容　量〉700ml
〈輸入社〉有限会社サトー酒店

❶**アガベの生産地**／ハリスコ州ロス アルトス地方
❷**加熱方法**／アウトクラベ
❸**搾汁法**／ローラーミル
❹**酵　母**／自家製酵母
❺**蒸留器の種類と蒸留回数**／ステンレス製(銅製コイル入り)の
　単式蒸留器で2回
❻**熟成樽の種類**／バーボンの旧樽

**ブランド
の特徴**

　　　　フランス人女性のソフィー・デコベック
がつくる新時代のテキーラ。アガベアスルの葉か
ら採取した酵母を使用し、添加物を一切使用しな
いテキーラは、伝統的ながらも新しい香りと味わ
いが特徴です。特に小さいまま熟したアガベアス
ルのみでつくられた限定品「クリオージョ」は、非
常に高い評価を得ています。

ブランドオーナー兼蒸留責任者ソフィー・
デコベック（Sophie Decobecq）

クリオージョに使われる小さいまま熟し
たアガベアスル

117

OLMECA ALTOS
オルメカ アルトス

ペルノ・リカール蒸留所

〈所在地〉ハリスコ州アランダス地区
〈ブランドラインナップ〉

オルメカ アルトス
プラタ

オルメカ アルトス
レポサド

〈カテゴリー〉 □ テキーラ　☑100% アガベテキーラ
〈クラス〉☑ブランコ　□ホベン　☑レポサド
　　　　□アニェホ　□エクストラ アニェホ
〈度　数〉38度
〈容　量〉700ml
〈輸入社〉ペルノ・リカール・ジャパン株式会社

❶アガベの生産地／ハリスコ州ロス アルトス地方
❷加熱方法／マンポステリア
❸搾汁法／ローラーミルとタオナ
❹酵　母／自家製酵母
❺蒸留器の種類と蒸留回数／銅製の単式蒸留器で2回
❻熟成樽の種類／アメリカンオークの旧樽

メキシコ料理をはじめ、さまざまなジャンルの料理と食中酒として楽しむ

ブランドの特徴

　　　　世界有数のバーテンダーとテキーラ「オルメカ」のマエストロによって生み出されたスーパープレミアムテキーラです。厳選された原料の使用と、伝統的な手法と現代の技術を組み合わせてサステナブルな製法で最高品質のテキーラをつくることにこだわっています。大人気のテキーラカクテルのマルガリータにもおすすめです。

スタイリッシュカクテルをスーパープレミアムテキーラでぜいたくに満喫

OLMECA

NOM 1111

オルメカ

ペルノ・リカール蒸留所

〈所在地〉ハリスコ州アランダス地区

〈ブランドラインナップ〉

オルメカ
シルバー

オルメカ
レポサド

〈カテゴリー〉☑テキーラ　□100% アガベテキーラ

〈クラス〉☑ブランコ　□ホベン　☑レポサド
　　　　　□アニェホ　□エクストラ アニェホ

〈度　数〉35度

〈容　量〉750ml

〈輸入社〉ペルノ・リカール・ジャパン株式会社

❶**アガベの生産地**／ハリスコ州ロス アルトス地方

❷**加熱方法**／マンポステリア

❸**搾汁法**／ローラーミル

❹**酵　母**／自家製酵母

❺**蒸留器の種類と蒸留回数**／銅製の単式蒸留器で2回

❻**熟成樽の種類**／アメリカン オークの旧樽

**ブランド
の特徴**

　　　　　　太陽と情熱が生んだテキーラ「オルメカ」。メキシコの古代文明である「オルメカ」にちなんで名付けられ、伝統的な製法を用いた、品質の高さを誇るブランドです。アガベアスルの良質な部分のみをぜいたくに使用し、昔ながらの煉瓦の釜で仕込むなど、製法のこだわりにより柑橘系を思わせる豊かな風味をお楽しみいただけます。

忘れたくない夜の、遊び心たっぷりのショットに。プレミアムテキーラ「オルメカ」

若くフレッシュでハーブのようなブルーアガベと、柑橘系の香りが特徴的な「オルメカ シルバー」

EL CHARRO
エルチャロ

エルチャロ蒸留所

〈所在地〉ハリスコ州アランダス地区
〈ブランドラインナップ〉

エルチャロ プレミアム
シルバー

エルチャロ プレミアム
レポサド

エルチャロ プレミアム
アニェホ

〈カテゴリー〉 ☐ テキーラ　☑100% アガベテキーラ
〈クラス〉 ☑ブランコ　☐ホベン　☑レポサド
　　　　☑アニェホ　☐エクストラ アニェホ
〈度　数〉40度
〈容　量〉750ml
〈輸入社〉株式会社コートーコーポレーション

❶アガベの生産地／ハリスコ州アランダス地区（100% 自社畑）
❷加熱方法／アウトクラベ
❸搾汁法／ローラーミル
❹酵　母／天然酵母
❺蒸留器の種類と蒸留回数／ステンレス製の単式蒸留器と
　銅製の単式蒸留器で合計 3 回
❻熟成樽の種類／レポサドはアメリカンオークの旧樽
　アニェホはフレンチオークの旧樽

ブランド
の特徴

　　　　1 日 5 万ℓの生産能力を誇る洗練され
た工場施設は、最新鋭技術をもとに、徹底した衛生
・品質管理において高い信頼を得ています。北米内
でのシェアを伸ばし続けていますが、エクアドル、ウル
グアイでのシェアは堂々 1 位、グアテマラ、コロンビア
では 2 位 3 位を占めており、日本でもここ数年急成
長を遂げています。

蒸留所入口ではエルチャロ（メキシカン
カウボーイ）の銅像がお出迎え

自社で所有する 2450 ヘクタールにも及
ぶアガベアスルの畑

TRES REYES

NOM 1460

レイス

エルチャロ蒸留所

〈所在地〉ハリスコ州アランダス地区
〈カテゴリー〉☑テキーラ　□100% アガベテキーラ
〈クラス〉☑ブランコ　☑ホベン／ゴールド　□レポサド
　　　　　□アニェホ　□エクストラ アニェホ
〈度　数〉38度　〈容　量〉750ml
〈輸入社〉株式会社コートーコーポレーション

> **ブランド
> の特徴**　アガベアスル51%とトウモロコシ由来の
> 糖分49%からつくられるテキーラは、テ
> キーラ本来の新鮮な香味とピュアな口当たりをもった、
> テキーラらしい味わいです。非常にクリーンでカクテ
> ルのベースに相性抜群です。

ARANDAS
アランダスの代表銘柄

巻末SPECIAL

ANTIGUA CRUZ

NOM 1460

アンティグア クルス

エルチャロ蒸留所

〈所在地〉ハリスコ州アランダス地区
〈カテゴリー〉□テキーラ　☑100% アガベテキーラ
〈クラス〉□ブランコ　□ホベン　□レポサド
　　　　　□アニェホ　□エクストラ アニェホ　☑その他
〈度　数〉35度　〈容　量〉750ml
〈輸入社〉株式会社コートーコーポレーション

> **ブランド
> の特徴**　近年急成長を遂げてるブランド。2021
> 年以降、アカデミー賞にノミネートされ
> た方全員にプレゼントされる「ギフトバッグ」に、テ
> キーラとして唯一入っているのが「アンティグア クル
> ス クリスタリーノ」です。

NOM 1474 OCHO
オチョ

ロス・アランビケス蒸留所

〈所在地〉ハリスコ州アランダス地区
〈カテゴリー〉□テキーラ ☑100%アガベテキーラ
〈クラス〉☑ブランコ □ホベン ☑レポサド
　　　　　□アニェホ □エクストラ アニェホ
〈度　数〉40度　〈容　量〉500ml
〈輸入社〉ユニオンリカーズ株式会社

ブランドの特徴 1937年に蒸溜所を設立した家族経営のテキーラメーカー。良質なアガベアスルは全て自社農園製です。ボトルには畑名とヴィンテージが記され、テロワールによる味の違いを感じることのできる「単一テキーラ」をつくっています。

NOM 1120 SIETE LEGUAS
シエテレグアス

オーテンティカ蒸留所

〈所在地〉ハリスコ州アランダス地区
〈カテゴリー〉□テキーラ ☑100%アガベテキーラ
〈クラス〉☑ブランコ □ホベン ☑レポサド
　　　　　☑アニェホ ☑エクストラ アニェホ
〈度　数〉40度　〈容　量〉700ml
〈輸入社〉サニーカラー・ジャパン有限会社

ブランドの特徴 1920年に「ドン フリオ」の従兄弟（いとこ）にあたる、ホセ・ゴンザレスによりつくられた歴史あるブランドです。搾汁の一部にタオナを使い、発酵の際にバガスを入れるなど、伝統的な製造方法が特徴です（2024年中に発売開始予定）。

ESPOLÒN
エスポロン

サン・ニコラス蒸留所

〈所在地〉ハリスコ州アランダス地区
〈ブランドラインナップ〉

エスポロン
ブランコ

エスポロン
レポサド

エスポロン
アネホ

〈カテゴリー〉□ テキーラ　☑100% アガベテキーラ
〈クラス〉☑ブランコ　□ホベン　☑レポサド
　　　　　☑アニェホ　□エクストラ アニェホ
〈度　数〉40度
〈容　量〉750ml
〈輸入社〉CT Spirits Japan 株式会社

❶アガベの生産地／ハリスコ州ロス アルトス地方
❷加熱方法／アウトクラベ
❸搾汁法／ローラーミル
❹酵　母／自家製酵母
❺蒸留器の種類と蒸留回数／ステンレス製の単式蒸留器と
　連続式蒸留機で2回
❻熟成樽の種類／レポサドはアメリカンオークの新樽
　アニェホはアメリカンオークとバーボンの旧樽

**ブランド
の特徴**　アウトクラベで蒸した後、クラシック音楽をかけながら発酵させて、しっかりしたボディー、フレーバーとアロマを生み出すことです。また、伝統的な単式蒸留器と現代的な連続式蒸留機でそれぞれ2回蒸留し、蒸留責任者によりブレンドされます。

蒸留所。壁にはマエストロ、シリロ・オロペザの絵が描かれている

元技術者であるシリロがカスタムデザインしたステンレス製のアウトクラベ

CASCO VIEJO

NOM 1610

カスコ ヴィエホ

グラン・ディナスティア蒸留所

〈所在地〉ハリスコ州アランダス地区
〈ブランドラインナップ〉

カスコ ヴィエホ
ブランコ

カスコ ヴィエホ
レポサド

〈カテゴリー〉□ テキーラ　☑100% アガベテキーラ
〈クラス〉☑ブランコ　□ホベン　☑レポサド
　　　　　□アニェホ　□エクストラ アニェホ
〈度　数〉38度
〈容　量〉750ml
〈輸入社〉株式会社田地商店（信濃屋食品）

❶**アガベの生産地**／ハリスコ州アランダス地区（100%自社畑）
❷**加熱方法**／マンポステリア
❸**搾汁法**／ローラーミル
❹**酵　母**／シャンパーニュ酵母
❺**蒸留器の種類と蒸留回数**／ステンレス製の単式蒸留器で2回
❻**熟成樽の種類**／アメリカンオークの新樽と旧樽

ブランドの特徴

　　　蒸留所の設立は1938年ながら、所有するカマレナ家の歴史は1761年まで遡ります。同家はアランダスの街を興すことに尽力し、1860年には同地にアガベアスルを最初に植栽した名家として知られています。この価格帯では他の追随を許さないぜいたくなスペックで製造されており、究極のハウステキーラといえます。

アガベ畑と収穫

蒸留責任者ホセ・ミランダ

LA GRAN SENORA

NOM 1610

ラ グラン セニューラ

グラン・ディナスティア蒸留所

〈所在地〉ハリスコ州アランダス地区
〈カテゴリー〉□ テキーラ　☑100% アガベテキーラ
〈クラス〉☑ブランコ　□ホベン　☑レポサド
　　　　　☑アニェホ　□エクストラ アニェホ
〈度　数〉40度　〈容　量〉750ml
〈輸入社〉株式会社田地商店(信濃屋食品)

> **ブランド
> の特徴**　「ラ グラン セニューラ」は、シャンパン酵
> 母を使用した84時間の長期発酵が特
> 徴のテキーラです。蒸留では、雑味を含むヘッドとテー
> ルの部分を極限までカットしました。洗練を極めた
> 優美な味わいに仕上がっています。

ARANDAS アランダスの代表銘柄

巻末SPECIAL

DON AGUSTIN

NOM 1610

ドン アグスティン

グラン・ディナスティア蒸留所

〈所在地〉ハリスコ州アランダス地区
〈カテゴリー〉□ テキーラ　☑100% アガベテキーラ
〈クラス〉☑ブランコ　□ホベン　☑レポサド
　　　　　☑アニェホ　□エクストラ アニェホ
〈度　数〉38度　　〈容　量〉750ml
〈輸入社〉株式会社田地商店(信濃屋食品)

> **ブランド
> の特徴**　「ドン アグスティン」は、創業者の名を
> 冠した、蒸留所の自信作。生産者のフ
> ラッグシップとなる「カスコ ヴィエホ」よりも、原料
> 処理と製造工程でさらに時間をかけてアガベ自体
> のうまみをじっくり抽出しています。

AHA TORO

NOM 1548

アハ トロ

グルーポ・テキレロ・デ・ロス・アルトス蒸留所

〈所在地〉ハリスコ州アランダス地区
〈ブランドラインナップ〉

アハ トロ
ディーバ

アハ トロ
ブランコ

アハ トロ
アニェホ

アハ トロ
エクストラ アニェホ

〈カテゴリー〉 ☐ テキーラ　☑100% アガベテキーラ
〈クラス〉☑ブランコ　☐ホベン　☑レポサド
　　　　　☑アニェホ　☑エクストラ アニェホ
〈度　数〉40度
〈容　量〉700ml
〈輸入社〉ボニリジャパン株式会社

....

❶**アガベの生産地**／ハリスコ州アランダス地区と
　ヘススマリア地区（100%自社畑）
❷**加熱方法**／マンポステリアとアウトクラベ
❸**搾汁法**／ローラーミル
❹**酵　母**／天然酵母
❺**蒸留器の種類と蒸留回数**／ステンレス製の単式蒸留器で2回
❻**熟成樽の種類**／アメリカンオークの新樽と旧樽

アランダス地区およびヘスス マリア地区
に広がる自社アガベ畑

**ブランド
の特徴**

　アハ トロとは「牛、あっち行け！」という
意味。自社栽培のアガベアスルを原材料に、100年
以上にわたり受け継がれる伝統製法を用いて丁寧
につくられる「アハ トロ」は、芯のある味わいに滑ら
かな舌触り、後味の良い余韻が感じられます。今日
では数少ない、歴史ある地元メキシコ人家族経営
によるテキーラメーカーです。

蒸留所には熟成樽（新旧バーボン樽）
が所狭しと並ぶ

CHILE CALIENTE

NOM 1548

チリ カリエンテ

グルーポ・テキレロ・デ・ロス・アルトス蒸留所

〈所在地〉ハリスコ州アランダス地区
〈カテゴリー〉□ テキーラ ☑100% アガベテキーラ
〈クラス〉☑ブランコ □ホベン ☑レポサド
☑アニェホ □エクストラ アニェホ
〈度 数〉40度 〈容 量〉700ml
〈輸入社〉ボニリジャパン株式会社

> **ブランドの特徴**
> 「アハ トロ」の姉妹ブランドにあたる「チリ カリエンテ」は、その名の通りチリ(唐辛子)を模したユニークなボトルが特徴的です。伝統製法でつくられるテキーラの質の高さだけでなく、1点ずつ手づくりのガラス瓶も、飲み手を惹きつけます。

REHILETE PAPALOTE

NOM 1548

レヒレテ パパロテ

グルーポ・テキレロ・デ・ロス・アルトス蒸留所

〈所在地〉ハリスコ州アランダス地区
〈カテゴリー〉□ テキーラ ☑100% アガベテキーラ
〈クラス〉☑ブランコ □ホベン ☑レポサド
□アニェホ □エクストラ アニェホ
〈度 数〉40度 〈容 量〉700ml
〈輸入社〉ボニリジャパン株式会社

> **ブランドの特徴**
> 彩り豊かなメキシコ文化に敬意を表してデザインされた、「風車」と「凧」を意味する「レヒレテ パパロテ」は、「アハ トロ」のエントリーシリーズにあたります。フレッシュなアガベアスルの香りを堪能できます。

127

ALACRAN

NOM 1416

アラクラン

プロダクトス・フィノス・デ・アガベ蒸留所

〈所在地〉ハリスコ州ヘスス マリア地区
〈カテゴリー〉□ テキーラ　☑100% アガベテキーラ
〈クラス〉☑ブランコ　□ホベン　☑レポサド
　　　　☑アニェホ　☑エクストラ アニェホ
〈度　数〉40度 ※クラスによって35度もあり
〈容　量〉750ml　　〈輸入社〉デ･アガベ株式会社

ブランドの特徴
「アラクラン」は、クラシックなテキーラとは一線を画すモダンなテキーラブランドです。2010年の誕生以来、サソリロゴの斬新なパッケージと独自の連続式蒸留機によるクセのないクリアな味わいが支持されています。

AVION

NOM 1416

アヴィオン

プロダクトス・フィノス・デ・アガベ蒸留所

〈所在地〉ハリスコ州ヘスス マリア地区
〈カテゴリー〉□ テキーラ　☑100% アガベテキーラ
〈クラス〉□ブランコ　□ホベン　□レポサド
　　　　□アニェホ　☑エクストラ アニェホ
〈度　数〉40度　〈容　量〉750ml
〈輸入社〉ペルノ・リカール・ジャパン株式会社

ブランドの特徴
「アヴィオン レゼルヴァ 44」はエキストラ アネホテキーラで、旧バーボン樽で36カ月以上熟成されています。リッチでスムーズな飲み心地と44のフレーバーノートが特徴的です（2024年4月以降に新発売）。

NOM 1579 G4
ジーフォー

エル・パンティージョ蒸留所

〈所在地〉ハリスコ州ヘスス マリア地区
〈ブランドラインナップ〉

G4
ブランコ

G4
レポサド

G4
アネホ 65

G4 マデラ
ブランコ

〈カテゴリー〉 □ テキーラ　☑100% アガベテキーラ
〈クラス〉☑ブランコ　□ホベン　☑レポサド
　　　　☑アニェホ　☑エクストラ アニェホ
〈度　数〉40度 他　　〈容　量〉750ml
〈輸入社〉サニーカラー・ジャパン有限会社

....

❶アガベの生産地／ハリスコ州ロス アルトス地方(100%自社畑)
❷加熱方法／マンポステリア
❸搾汁法／フランケンシュタイン
❹酵　母／自然酵母
❺蒸留器の種類と蒸留回数／ステンレス製の単式蒸留器で2回
❻熟成樽の種類／フレンチオークとアメリカンオークの旧樽

ブランドの特徴

　「G4」は、名門カマレナ家の3代目フェリペ・カマレナがつくり上げ、その息子たちに受け継ぐという想いのこもったブランドです。無添加かつ、水へのこだわりや、伝統的技法を守りつつ搾汁施設のフランケンシュタインなど革新的な製法を考案しています。

フランケンシュタイン。タオナより搾汁効率が良く、ローラーミルより雑味が出すぎないのが特徴

施設内に降った雨と湧き水をブレンドして使用している

NOM
1595

CLASE AZUL
クラセアスール

カサ・トラディシオン蒸留所

〈所在地〉ハリスコ州アトトニルコ地区
〈ブランドラインナップ〉

クラセアスール プラタ	クラセアスール ゴールド	クラセアスール レポサド	クラセアスール アニェホ

〈カテゴリー〉□ テキーラ　☑100% アガベテキーラ
〈クラス〉☑ブランコ　☑ホベン／ゴールド　☑レポサド
　　　　　☑アニェホ　☑エクストラ アニェホ
〈度　数〉40度　〈容　量〉750ml
〈輸入社〉Clase Azul Asia 株式会社

❶アガベの生産地／ハリスコ州アトトニルコ地区
❷加熱方法／マンポステリア
❸搾汁法／ローラーミル
❹酵　母／自家製酵母
❺蒸留器の種類と蒸留回数／銅製の単式蒸留器で2回
❻熟成樽の種類／アメリカンオークの旧樽

ブランドの特徴

　テキーラやメスカルというひとつのアートを通じて、メキシコの美しさと伝統の真価を伝え、世界中の人々のライフスタイルを彩ることを目標としています。伝統的な製法を守ってつくられたクラセアスール・スピリッツを包み込むデキャンタは、陶器の成形からペイントまで全てハンドメイドで製作されています。

女性蒸留責任者ヴィリディアナが開発した酵母からつくられるテキーラは、繊細で上品な味わい

職人が1本1本手作業でペイントを施し、飲んだ後もひとつのアートとして楽しめる

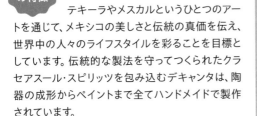

DON JULIO
NOM 1449

ドン フリオ

ラ・プリマヴェーラ蒸留所

〈所在地〉ハリスコ州アトトニルコ地区
〈ブランドラインナップ〉

ドン フリオ 1942
アネホ

ドン フリオ
ブランコ

ドン フリオ
レポサド

ドン フリオ
アネホ

〈カテゴリー〉　□ テキーラ　☑100% アガベテキーラ
〈クラス〉　☑ブランコ　□ホベン　☑レポサド
　　　　　☑アニェホ　□エクストラ アニェホ
〈度　数〉38度　　〈容　量〉750ml
〈輸入社〉ディアジオ ジャパン株式会社

❶アガベの生産地／非公開
❷加熱方法／マンポステリア
❸搾汁法／ローラーミル
❹酵　母／非公開
❺蒸留器の種類と蒸留回数／ステンレス製の単式蒸留器で2回
❻熟成樽の種類／アメリカンオークの旧樽

ブランドの特徴

　　　　　　伝説の男がこだわりぬいてつくりあげた、スーパープレミアムテキーラ。手作業によるアガベ栽培から最終的な樽での熟成まで、全行程に入念な注意が払われてつくられています。これにより、多くの他のテキーラに見られる典型的な苦みと辛みを取り除き、高い品質と比類のない滑らかさを可能にしています。

ブランコから 1942 まで幅広い味わいのラインナップが楽しめる

ドン フリオ創業者のフリオ・ゴンザレス

HIJOS DE VILLA

NOM 1417

イホス デ ビジャ

リコレス・ベラクルス社

〈所在地〉ベラクルス州コルドバ地区 ※ボトリングのみ

〈ブランドラインナップ〉

バレットボトル
ブランコ

バレットボトル
レポサド

リボルバーボトル 200ml
ブランコ

〈カテゴリー〉☑テキーラ　□100% アガベテキーラ

〈クラス〉☑ブランコ　□ホベン　☑レポサド
　　　　　□アニェホ　□エクストラ アニェホ

〈度　数〉40度　〈容　量〉750ml

〈輸入社〉株式会社スリーアローズ

❶**アガベの生産地**／ハリスコ州

❷**加熱方法**／アウトクラベ

❸**搾汁法**／ローラーミル

❹**酵　母**／自然酵母

❺**蒸留器の種類と蒸留回数**／ステンレス製の単式蒸留器と
　連続式蒸留機で2回

❻**熟成樽の種類**／スペイン産ホワイトオークの旧樽

アウトクラベに入れられる前のピニャ

**ブランド
の特徴**

　　　　このテキーラはメキシコ革命100周年
を記念してつくられました。拳銃は自由のために
戦った勇敢なメキシコ人の誇りを象徴しています。
リボルバーボトルにはショットグラスが2つずつ付
いており、プレゼントにおすすめです。バレットボト
ルは拳銃の中身の詰め替え用でもあり、弾丸の形
をしています。

蒸留されたテキーラは、スペイン産の
ホワイトオークの旧樽で熟成される

CORRALEJO
NOM 1368

コラレホ

コラレホ蒸留所

〈所在地〉グアナファト州アトトニルコ地区
〈ブランドラインナップ〉

| コラレホ ブランコ | コラレホ レポサド | グランコラレホ アニェホ | 99,000 オラズ アニェホ |

〈カテゴリー〉□ テキーラ　☑100% アガベテキーラ
〈クラス〉☑ブランコ　□ホベン　☑レポサド
　　　　☑アニェホ　□エクストラ アニェホ
〈度　数〉40度　〈容　量〉おもに750ml。100mlや3000mlなどもあり
〈輸入社〉デ・アガベ株式会社

❶**アガベの生産地**／グアナファト州
❷**加熱方法**／マンポステリア
❸**搾汁法**／ローラーミル
❹**酵母**／天然酵母
❺**蒸留器の種類と蒸留回数**／連続式蒸留機またはシャラント式蒸留器で2回
❻**熟成樽の種類**／レポサドはオリジナルの樽(メキシコ製、アメリカ製、フランス製)。アニェホはアメリカンオークの新樽

ブランドの特徴

　「コラレホ」は、グアナファト初のテキーラブランドであり、メキシコ独立の父ミゲル・イダルゴ神父生誕の地でつくられる、メキシコを代表するテキーラです。グアナファト産のアガベアスルを原材料に、2種類の異なる蒸留器を使い、こだわりの樽で熟成したテキーラは、世界各国で愛されています。

アガベアスルの植え付けから瓶詰めまで99,000時間かけてつくられる99,000オラスアニェホ

見学が可能なコラレホ蒸留所(アシエンダコラレホ)

ぜいたくで華やか！
「ラグジュアリーテキーラ」の文化

映画や海外ドラマの影響もあり、
ぜいたくで華やかな雰囲気を持った
「ラグジュアリーテキーラ」の文化が、
日本でも少しずつ根付いてきています。

Salud!

アカデミー賞は、テキーラで乾杯！

　米国を中心に、アカデミー賞やファッションイベントなど、レッドカーペットで提供されるドリンクや、お祝いの席での乾杯がテキーラだという機会が増えてきました。もちろん、カジュアルに楽しめるテキーラ市場も伸び続けていますが、ラグジュアリーテキーラの急成長ぶりは、いまや新しいトレンドとしてブームの兆しがみえています。

　日本では、シャンパーニュの華やかで特別感のあるイメージが、そのままラグジュアリーテキーラのカテゴリーに共通していくような可能性を感じています。

　さらに海外では、さまざまな業界で活躍する著名人がテキーラ業界に参入し、オリジナルテキーラブランドのプロデュースを手掛けています。趣味の範囲にとどまらず、ビジネスとしても注目されており、続々と新しいブランドが登場しています。

「ボルカン X.A」は、底部のスイッチを押すと、ボトル内がオレンジ色に照らされる演出が楽しめる

「ドン フリオ 1942」が GQ Men of the Year に協賛した際に作成した、専用ボトル

ラグジュアリーなプロモーションを展開する「1800 クリスタリーノ」

テキーラビジネスに携わる
8人のセレブリティ

俳優やアーティスト、スポーツ選手も!
テキーラビジネスに携わる有名人の一例をご紹介します。

Actor/Actress
俳優

1

George Clooney
ジョージ・クルーニー

2013年に友人のシンディ・クロフォードの夫らと「友達の家」という意味を名付けたオリジナルテキーラ「Casamigos(カサミゴス)」をプロデュース。テキーラが「ビジネス」としても注目されるきっかけになった。

2

Dwayne Johnson
ドウェイン・ジョンソン

映画「ワイルド・スピード」シリーズなどで知られるアクション俳優。2019年にラテン語の「テラ(地球)」とポリネシア語の「マナ(神秘的な力)」を組み合わせた名前のテキーラブランド「Teremana(テレマナ)」を発売。

3

Kendall Jenner
ケンダル・ジェンナー

ファッションモデル兼タレント。2021年に弱冠25歳にして自身のテキーラ「818」をプロデュース。ロサンゼルスの郊外の街カラバサスのエリアコードがブランド名の由来。

4

Sam Heughan
サム・ヒューアン

人気の海外ドラマ「アウトランダー」でブレイクした俳優。「エル テキレーニョ」から、2021年に自身がプロデュースするウィスキーブランドの名前をつけた限定ボトルを発売。

5

Mark Wahlberg
マーク・ウォールバーグ

映画「テッド」「トランスフォーマー」などで有名な俳優。2022年にメキシコのゴルファーと企業家と共に、テキーラブランド「Flecha Azul(フレチャ アスル)」を立ち上げた。

6

Eva Longoria
エヴァ・ロンゴリア

海外ドラマ『デスパレートな妻たち』で有名な女優。2021年に著名な蒸留責任者の愛弟子と、ハリスコ州出身アーティストの娘の女性3人で「Casa Del Sol (カサ デル ソル)」をリリース。

Artist
アーティスト

7

Adam Levine
アダム・レヴィーン

バンド「マルーン5」のヴォーカル。2021年にモデルの妻と共にカリフォルニアワイン樽熟成の高級テキーラブランド「Calirosa (カリロサ)」をプロデュース。

Athlete
スポーツ選手

8

Michael Jordan
マイケル・ジョーダン

NBAのレジェンド。2019年に4人のNBA関係のビジネスパートナーたちと高級テキーラブランド「Cincoro(シンコロ)」を発表。名前はスペイン語の「5」と「ゴールド」に由来している。

メキシコのお酒

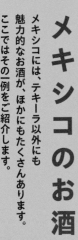

メキシコには、テキーラ以外にも魅力的なお酒が、ほかにもたくさんあります。ここではその一例をご紹介します。

テキーラだけじゃない!

プルケ

メキシコ高原に存在する、プルケ専門のアガベを原材料にしてつくられる醸造酒。アガベの中央部に穴を開けて、「アココテ」と呼ばれる道具を使って採取したアガベジュースを発酵させてつくります。アルコール度数は、2〜8度程度。先住民時代には、神に捧げるお酒として供されていました。

アガベ蒸留酒

アガベを原材料とした、テキーラやメスカルなどの規格外の蒸留酒。メキシコ国内の原産地によって、「ライシージャ」「バカノラ」などと呼ばれるお酒もあります。

メスカル

原産地呼称で認められたメキシコ9州のアガベを原材料とする蒸留酒。アガベアスルだけを使用するテキーラとは違い、アガベの種類に指定がないのが特徴です。

ビール

実は世界の主要ビール生産国でもあるメキシコ。150カ所以上のクラフトビールの醸造所が存在し、その他20銘柄以上の国産ビールの製造販売をしています。

「アボキング」（アボカドディップ）

厳選された高品質メキシコ産のアボカドだけを使用したフレッシュ感あふれるアボカドペースト。水や人工着色料などを一切加えていないアボカド本来の味と風味が特徴です。

「春日井ノパル」（サボテン）

日本で「サボテンを食べる」というと驚かれますが、メキシコをはじめとする中南米地域では、「ノパル」の名で古くから親しまれています。日本では愛知県春日井市の「後藤サボテン」でつくられています。

「ラ・コリーナ」（乾燥チレ）

乾燥チレ（唐辛子）のメーカー。メキシコ料理では、チレは欠かすことのできない材料として、さまざまな調理方法で使用されています。

「チョルーラ」（ホットソース）

メキシコ原産の唐辛子とさまざまなスパイスを使用した伝統レシピでつくられています。名前は、現存するメキシコ最古の都市に由来しています。

ハラペーニョ

埼玉県の「十色とうがらしファーム」では、メキシコ原産のハラペーニョ、セラーノ、ポブラーノ、グエロ、ハバネロなどを栽培しています。

グサノソルト

アガベに付いた芋虫を焼いて乾燥させて、天日干しの塩に3種類のチリとレモンも合わせて入ったうまみたっぷりのお塩。

「タヒン」

メキシコの国民的調味料。ほのかな辛み・ライムの酸味・塩味のバランスが絶妙で一度食べると病みつきに！

アガベシロップ

メキシコ産アガベアスルを100％使用した甘味料。食後血糖値やインスリンの過剰分泌をゆるやかにする低GI食品。

テキーラと一緒に味わおう！

日本で買えるメキシコ食材

第3章で触れた、メキシコの食文化。興味を持った方は、ぜひ日本で買えるメキシコの食材もお試しください。

マサ（トウモロコシ粉）

現地メキシコの本格的トルティージャがつくれる、保存料・添加物不使用の風味豊かなトウモロコシ粉です。

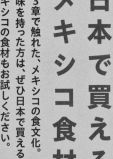

※マサをトルティージャにしたもの

ハマイカ（ハイビスカス茶）

メキシコを代表する酸味のあるさっぱりとした飲み物です。ビタミンが豊富で美容にうれしい効果も！

日本で テキーラが 買える！ 酒販店の情報

Shop 1

株式会社武蔵屋

「酒が好き 人が好き 武蔵屋」をモットーとし、バーやレストランバーを中心にショットバー専門のアイテムを主力として取り扱う酒販店。テキーラは常時200種類以上の取り扱いをしています。

〒156-0054
東京都世田谷区桜丘 1-2-12（本社）
TEL：0120-11-6348
X:@musashiyanet
facebook:@musashiya
instagram:@musashiya6348

Shop 2

TEQUILA MUCHO（テキーラムーチョ）

国内有数の品揃えを誇るテキーラ＆メスカル専門の通販サイト。テキーラのG4やティエラスなどの輸入のほか、新橋に系列店のバーもあります。

〒105-0004
東京都港区新橋 3-18-4 庄司ビル 3F
電話番号 :070-6994-8478
X:@tequilamucho_
instagram:@tequilamucho_shinbashi

Shop 3

信濃屋代田本店　ワイン館

ウイスキー・ワインを中心に、テキーラ、ラム、クラフトジンなどのスピリッツも大充実。チーズや加工肉など、お酒に合う気の利いたおつまみ各種も大好評。遠方の方はオンラインショップが便利です。

〒155-0033
東京都世田谷区代田 1-42-1
※代表店舗
TEL：03-3412-2418
LINE：@ ruf2238c

Shop 4

有限会社サトー酒店

福島県でこだわった品揃えの小さな酒屋。カジェ23 正規代理店として、テキーラは約200種類以上、ほかにスピリッツやウイスキーも多く取り扱いをしています。

〒969 - 0221
福島県西白河郡矢吹町中町 344
TEL：0248-42-2624
instagram：@liquor_sato

日本でテキーラが買える酒販店をご紹介します。
本書で気になるテキーラを見つけて「買いたい！」と思った時の参考にしてくださいね。

Shop 5
AGAVERIA（アガベリア）

テキーラのエキスパートである店主が、メキシコ現地で蒸留所を訪れ学んだ情報や実際のテイスティング情報をもとに、本当においしいと思ったテキーラだけを紹介するテキーラ専門通販サイトです。

〒151-0053
東京都渋谷区千駄ヶ谷 5-20-11-104
TEL：070-4354-9091
instagram：@agaveria.jp

Shop 6
万珍酒店 / MANGOSTEEN

自社輸入テキーラはじめ、100 種類以上のテキーラやメスカルなどを試飲・購入でき、その他の酒も豊富に扱う「世界の微生物が醸す万（よろず）珍（めずらしい）」がコンセプトの酒屋& BAR です。

〒155-0032
東京都世田谷区代沢 4-29-14
TEL：03-6413-8819
instagram：@mangosteen_liquors

Shop 7
酒商金右衛門 / Agave Spirits Gallery

日本初、国内唯一のメキシコ蒸留酒専門店です。併設のギャラリーでは、アジア最多の 1,425 種類を展示して、そのうち 651 種類は試飲して購入ができます。

〒460-0011
名古屋市中区大須 3-42-14
TEL：052-211-8410
X：@KINEMON758
instagram：@kinemon758
LINE：@702nbxyg

Shop 8
リカーマウンテン銀座 777

希少なスピリッツが充実したリカーマウンテンの旗艦店「銀座 777(スリーセブン)」は、限定商品を多数品揃えしています。また、約 1,000 種類の商品を有料試飲することができます。

〒104-0061
東京都中央区銀座 7-7-7
TEL：03-6255-1515
instagram：@ likaman_ginza777

テキーラの記念日

近年では、メキシコや米国、さらに日本でも、テキーラに関連するさまざまな記念日が制定されています。記念日の時期には、各地でテキーラに関係するイベントが開催されます。ぜひチェックしてみてください。

マルガリータの日
2月22日

米国で制定された「National Margarita Day（ナショナル マルガリータデー）」。2018年、日本でも同日を「マルガリータの日」に制定し、日本中でマルガリータを楽しむ日としてお祝いされています。

マルガリータの日：margaritaday.jp

＼メキシコ独自の／ テキーラの日
第3土曜日

2018年にメキシコ政府がテキーラ関連機関の提案によって制定した、メキシコ独自の「Día Nacional del Tequila（ディア ナショナル デル テキーラ）」。毎年3月の第3土曜日には、CNITが主催者となり、さまざまなブランドが参加するイベントを開催しています。

パロマの日
5月22日

2019年に米国で制定された「National Paloma Day（ナショナル パロマデー）」。日本でも2020年に、メキシコの定番カクテル「パロマ」を普及する目的で、同日を「パロマの日」として制定しました。

パロマの日：palomaday.jp

テキーラの日
7月24日

2006年7月24日にメキシコで「リュウゼツランの景観と古代テキーラ産業施設群」が世界文化遺産に登録されたことを記念して、米国で制定された「National Tequila Day（ナショナル テキーラデー）」。日本では2017年に、同日を「テキーラの日」として制定しました。

テキーラの日：tequiladay.jp

11月1日・2日は、「死者の日」

日本のお盆と同じように、死者の魂がこの世に還（かえ）ってくる「死者の日」。
この時季には、テキーラを楽しむ企画が多数開催されます。
一体なぜなのでしょうか？

死者の日仕様になった
トラケパケのサイネージ
(看板)

街中で会える！
ガイコツの人形

街の至る所に祭壇が設置される

「死者の日」とは、メキシコの伝統的な行事で、日本のお盆と同じように死者の魂がこの世に還ってくる日とされています。毎年11月1日と2日の2日間あり、11月1日は子どもの魂、2日は大人の魂が還ってきます。

このシーズンになると、世界中からメキシコに観光客が訪れます。メキシコ各地にガイコツのモチーフがあふれ、至る所に「オフレンダ」という祭壇（さいだん）をしつらえます。また、家族のお墓をマリーゴールドやケイトウの花でカラフルに彩り、夜になるとたくさんのロウソクをともした幻想的な雰囲気の中、故人を偲んで、お（しの）墓の周りで夜を明かします。

祭壇には、故人の魂を迎えるために、いろいろなお供物を飾ります。その際に、故人が好きだったお酒を飾り、祭壇やお墓を囲んで一緒にお酒を飲み明かします。この風習から、メキシコだけでなく、日本でもこの時季に「死者の日」とテキーラを楽しむ企画が多数開催されています。

そんな「死者の日」は、2008年にユネスコ無形文化遺産にも指定されました。さまざまな映画やメディアで取り上げられ有名になった、メキシコで最も人気のお祭りと言えます。

　私とメキシコの出会いは2008年のカンクンになります。現在では人気のリゾート地として話題のカンクンですが、2005年のハリケーン以降、約25億米ドルをかけてホテルやビーチを改装し、オールインクルーシブのホテルが特にハネムーナーに人気で、ちょうど海外ウェディングブームもあり、メディアで注目をされ始めていたタイミングでした。

　当時、広告代理店で働いていた際に、カンクンを海外ウェディング先として日本で認知させたいと相談をいただき、航空会社と政府観光局の共同企画として、ファッション誌のウェディング特集のメディアツアーのコーディネートを担当することになりました。

　この時、メキシコには一度も行ったこともなく、海外留学の経験もないので、語学にも自信がない私にとって、言葉の壁や未熟さもあり、さまざまな交渉が上手にできず、ホテルの部屋で落ち込む毎日でした。

　そんな時、1人でホテルのビーチを気晴らしに散歩している私に、スタッフの方が声をかけてくれて、月明かりの中ウミガメの赤ちゃんを海にかえす活動に参加させてくれました。仕事に夢中で、本当の意味でメキシコを「自分の目で見る」余裕がなかった私は、その体験に感動し、声をかけてくれた現地のスタッフの優しさ、そしてカンクンの海の美しさに心が動かされました。メキシコに魅力された瞬間です。

　改めて違った角度でメキシコを見た時に、空は青く、海もキラキラ輝いていて、人は明るく親切でいつも笑顔。海辺で飲んだマルガリータは、今までの人生で味わったことがないくらいのおいしさでした。

　もともと海外旅行が趣味だったので、学生の頃からさまざまな国を旅してきましたが、自分にしっくりくるような縁を感じる国はメキシコがはじめてでした。テキーラについて詳しく知るのはもう少し先になりますが、私とメキシコとの関係はこんな素晴らしい経験から始まります。

2008年にメキシコに魅了され、その後2010年からテキーラのプロモーションに携わるようになり、2011年以降はコロナ禍での渡航規制の時期を除いて、毎年のようにメキシコ・グアダラハラに通い、約90カ所のテキーラ蒸留所を訪問してテキーラ業界の動向や最新情報をアップデートしています。

　今まで20回以上メキシコを訪問していますが、いつも新鮮な驚きや出会いがあり、飽きることは全くありません。テキーラについて知れば知るほど興味が沸いて、またメキシコでテキーラを勉強したいという欲にかられ、何度もメキシコに足を運んでしまいます。

　そして、自分が大好きなメキシコやテキーラを、もっとたくさんの方に知ってほしいという想いで、日本でのプロモーション活動を続けてきました。この本は、私の10年以上にわたるテキーラ人生の集大成です。現地で学んだ知識や経験を全て詰め込んでいます。

　本書を通じて、私が魅了されたメキシコ、テキーラの魅力が少しでも伝われば幸いです。

　最後に、出版にあたり多大なるサポートをしていただきました輸入社、酒販店の皆さま、メキシコをはじめ国内外のテキーラ業界関係者の皆さま、制作協力をしてくれた皆さまに心から感謝申し上げます。

　私だけの力ではこんなに素晴らしい本の出版まで辿り着くことができませんでした。著者としては私の名前ですが、携わってくださった方々と一緒につくり上げた一冊だと思っています。

　この本を手に取ってくださった方が、これからもテキーラと共に笑顔あふれる幸せな時間を過ごせることを願って。

　サルー!

目時 裕美
Yumi Metoki

PROFILE ▲▲▲

目時 裕美 （めとき ゆみ）

2010年からメキシコ・テキーラのプロモーションに携わり、メキシコ大使館後援のもと、日本におけるメキシコやテキーラの記念日の運営・プロモーションを手がける。通算20回以上メキシコに通い、約90カ所のテキーラ蒸留所を訪問し、テキーラ業界の動向や最新情報を日々発信し続けている。2018年から、年1回テキーラの情報誌「テキーラジャーナル」を発行している。

テキーラジャーナル
WEBサイト

▼▼

デザイン・イラスト	伊藤智代美（ザ・ハレーションズ）	営業	竹本成熙（主婦の友社）
デザイン	飯淵典子	編集担当	中川 通（主婦の友社）
イラスト	秋葉あきこ	調査協力	松浦芳枝
構成・制作	加納亜美子（アルク出版企画）	撮影協力	大野聖子
撮影	柴田和宣（主婦の友社）		（Antique Serendipity）
校正	東京出版サービスセンター	メキシコ取材協力	メキシコ観光
DTP	ローヤル企画		神田亜美

はじめての
テキーラの教科書

2024年4月20日　第1刷発行

著　者　　目時裕美
発行者　　平野健一
発行所　　株式会社 主婦の友社
　　　　　〒141-0021 東京都品川区上大崎3-1-1 目黒セントラルスクエア
　　　　　電話 03-5280-7537（内容・不良品等のお問い合わせ）　049-259-1236（販売）
印刷所　　大日本印刷株式会社

©Yumi Metoki 2024 Printed in Japan
ISBN978-4-07-456770-6